剪映

**短视频、Vlog 后期剪辑、
拍摄与运营零基础教程**

李晓慧 著

U0287764

人民邮电出版社

北京

图书在版编目（CIP）数据

剪映 : 短视频、Vlog后期剪辑、拍摄与运营零基础教程 / 李晓慧 著. -- 北京 ：人民邮电出版社，2022.2 (2024.3 重印)
ISBN 978-7-115-57405-3

Ⅰ．①剪… Ⅱ．①李… Ⅲ．①视频编辑软件 Ⅳ．①TN94

中国版本图书馆CIP数据核字(2021)第195148号

内 容 提 要

手机应用市场中有很多简单、好用、易上手的视频后期 App，剪映就是其中非常受欢迎的一款。本书从为何需要对视频进行剪辑开始讲起，随后对剪映的界面功能，视频剪辑的基本流程，如何添加音乐、文字、转场与特效，爆款视频的剪辑"套路"，火爆抖音的后期效果实操案例，手机视频拍摄必会的基础知识，常见的短视频拍摄思路、基本的视频运营技巧等内容进行详细介绍。书中还采用"案例式"教学，结合典型的实战案例直观地展示某个功能的具体效果，以使读者能够轻松玩转剪映，玩转视频剪辑。

本书内容系统全面，适合对短视频制作感兴趣的摄影爱好者、短视频内容生产者，以及想要通过短视频带货的商家参考阅读。

◆ 著　　　　李晓慧
　　责任编辑　张　贞
　　责任印制　陈　犇

◆ 人民邮电出版社出版发行　　北京市丰台区成寿寺路 11 号
　　邮编　100164　电子邮件　315@ptpress.com.cn
　　网址　https://www.ptpress.com.cn
　　北京印匠彩色印刷有限公司印刷

◆ 开本：690×970　1/16
　　印张：12.5　　　　　　　　　2022 年 2 月第 1 版
　　字数：266 千字　　　　　　　2024 年 3 月北京第 11 次印刷

定价：69.00 元
读者服务热线：(010)81055296　印装质量热线：(010)81055316
反盗版热线：(010)81055315
广告经营许可证：京东市监广登字 20170147 号

前　言

　　影视剧、综艺等在电视台播放的节目都需要进行大量的剪辑才能正式上映，而这部分剪辑工作，需要经过一定的专业培训，并掌握 Premier、Final Cut Pro 等专业视频后期软件才能胜任。

　　但随着"短视频行业"的迅速发展，一些看上去"不那么专业"的视频也能获得几百万，甚至上千万的浏览次数。这些视频，相当一部分是通过简单易上手的手机视频后期 App 剪辑的，其中，"剪映"就是很多"非专业人士"的选择。

　　有了这些简单的视频后期 App，即便是视频后期小白，通过学习，也能够制作出精彩的视频。本书的目的，就是让每个想学习视频后期的朋友，都能够学会剪映，掌握视频后期的方法。

　　本书第 1 章向读者介绍剪辑的基本概念；从第 2 章到第 8 章，详细讲解了剪映的基本使用方法，以及分割、定格、倒放、关键帧、画中画、蒙版等进阶功能，并介绍了如何添加音乐、文字、转场、动画、特效等元素，让视频更精彩；第 9 章和第 10 章介绍了爆款短视频的剪辑思路和实操案例；第 11 章和第 12 章讲解了短视频拍摄的基本技法和拍摄思路；最后在第 13 章阐释了短视频账号的运营技巧。

　　全书采用"案例式"教学方法，在介绍每个功能、添加每个元素时，都通过一个实际的后期案例进行讲解。比如本书在讲解定格功能时，将通过该功能制作一段动静结合的舞蹈视频；在讲解转场时，将通过一个案例讲解如何剪辑出转场效果；在讲解特效时，将通过三个案例让各位能深刻理解特效的作用。

　　对本书而言，案例绝不仅仅是某一章的内容，而是贯穿全书，从而形成"案例式"的教学体系。

　　如果希望每日接收到新鲜、实用的摄影技巧，可以关注我们的微信公众号"好机友摄影"或在今日头条、百度中搜索"好机友摄影学院""北极光摄影"以关注我们的头条号、百家号。

编者

2021 年 12 月

目 录

第 3 章
开始剪辑第一段视频

第 4 章
让视频图文并茂

第 5 章
用好配乐功能让视频更有节奏与韵律

第 12 章
10 大常见短视频拍摄思路

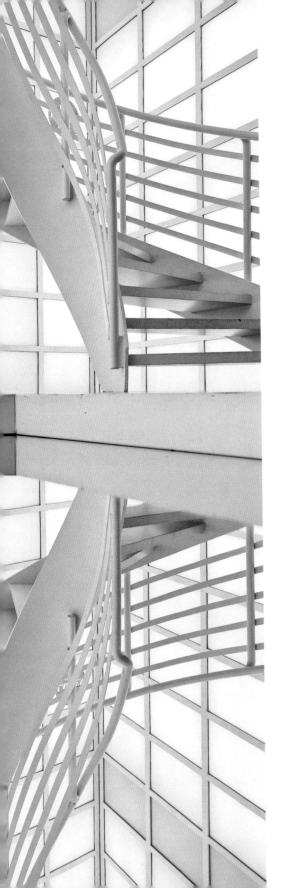

第 13 章
掌握基本运营技巧实现视频价值

第1章

理解为何需要剪辑

1.1 几乎不可能的"一镜到底"

无论是电影、电视剧，还是抖音、快手平台上的短视频，几乎所有质量较高的视频都不是"一镜到底"，也就是说都需要在前期拍摄多个镜头（在视频拍摄中，"多个镜头"即多段视频素材），然后通过后期将其拼接在一起，从而讲述一个完整的内容。

为什么绝大多数情况下都不会只通过一个镜头就将内容完整展现出来呢？主要有以下4个原因。

不同场景无法衔接

假设在一个短视频中，既要表现A地，又要表现B地，而A地与B地相隔10分钟的路程。那么在用一个镜头拍摄完A地后，如果不结束拍摄，就势必要将这10分钟的路程也拍入画面。如此一来，视频就会变得很长，而且充斥着大量的无用内容。因此，我们一般会在拍摄完A地后，保存该段视频；然后再拍摄B地，保存第2段视频，接下来将在A地与B地拍摄的两段视频进行拼接，快速呈现出一段表现A、B两地画面的视频。

如图1-1和图1-2所示的两个场景明显不是同一地点拍摄的，通过分段拍摄再剪辑的方法可以让其成为紧密衔接的两个画面。

图1-1

图1-2

拍摄容错率极低

要拍出"一镜到底"的画面，就需要摄影师在构图及运镜上不出现丝毫的差错。如果这段视频只有几秒或几十秒，在基本功扎实并且没有意外情况出现的前提下，是有可能完成的。但如果是几分钟的视频，"一镜到底"则几乎是不可能完成的事，因为任何抖动、运镜后构图的不准确，或者被摄景物出现一些状况，都会导致整个镜头废掉。因此，为了保证效率，分成多个镜头拍摄，再进行后期剪辑是更明智的做法。

如图1-3和图1-4中展现的多达4个人的对话场景，再加上拍摄时需要不断运镜，很难保证演员或者摄影师在"一镜到底"过程中不出问题。

图1-3

图1-4

"一镜到底"往往会让视频显得枯燥

如果一个视频只有一个镜头，往往意味着画面的变化幅度不大。因为拍摄者很难在同一个地方，且连续拍摄的情况下，拍出反差很大的画面。当画面的变化不够时，就容易引起观众的视觉疲劳。所以那些"一镜到底"的视频要不然很短，只是介绍一个很短暂的场景，要不然就很乏味，存在大量无用、雷同的画面。通过多个镜头进行后期剪辑呈现的视频画面，不会受到时间及地点的限制，更容易营造出更丰富、更有创造力的效果。

如图1-5和图1-6所示的两个紧密衔接的画面就出现了明显变化，这只有利用后期剪辑才能做到。

图1-5

图1-6

很难拍出持续具有美感的画面

一些精彩的电影，可能每一个画面都具备很高的艺术水准。如果想达到此种效果，势必需要拍摄多个镜头，并从中选择构图、光线完美的部分。如果使用"一镜到底"的拍摄方法，且视频具有一定时长，在不断移动镜头拍摄动态场景时，可能会有部分画面足够精彩，但要想保证每一帧都经得起推敲，如图1-7和图1-8所示，几乎是一件不可能完成的事情。

图1-7

图1-8

1.2 视频画面需要节奏与变化

一个视频之所以能够吸引观众看下去，主要原因在于其画面一直在发生变化，观众对画面内容感兴趣，同时也期待着下一个画面。而剪辑正是那个能够让画面持续保持变化，并在观众想看到下一个画面时，就使这个画面出现的唯一方法。换句话说，剪辑能够让画面以一定节奏进行变化。

控制镜头长度影响节奏

镜头的时间长度是控制节奏的重要手段。有些视频需要比较快的节奏，比如图1-9表现的打斗场景，每个镜头时长都会被控制在1秒以内。但抒情类的视频则需要比较慢的节奏。大量使用短镜头可以加快视频节奏，从而给观众带来紧张的气氛；而使用长镜头则减缓了其节奏，可以让观众感到心态舒缓、平和。通过后期剪辑可以对每一段视频素材的长度进行控制，进而实现控制节奏的目的。

图1-9

通过剪辑让画面不断变化

在后期剪辑时，剪辑师可以根据视频的主题调整多个片段的顺序和位置。当多个具有强烈反差的片段衔接在一起时，画面的变化就会让观者持续保持新鲜感，并不由自主地看完整个视频。但也不能为了营造变化而硬将两个完全不相关的画面衔接在一起，这样会影响视频的连贯性。建议在剪辑时添加转场、动画或特效等，让画面之间既有变化，又有联系。

比如图1-10和图1-11展示的两个连接的画面，就是通过拍摄方向和景别的不同让画面发生变化，并以相同的主体人物使画面具有连贯性。

图1-10

图1-11

剪辑可以让画面与音乐产生联系

如果说"视频画面的节奏"不好理解，那么"音乐的节奏"想必各位都很熟悉。当画面的交替与音乐的节奏产生联系时，自然就能够制作出有节奏感的视频。音乐卡点视频就是让画面与音乐产生联系最常见的方式。

但画面与音乐的联系绝不仅仅是"卡点"这么简单。如图1-12和图1-13所示的两个不同的画面，图1-12稍显平静，所以配乐的节奏相对缓慢；而图1-13是遇险场景，配乐的节奏则非常快，让观众感到紧张。通过剪辑选择与画面氛围一致的音乐，可以让画面感染力更强。

图 1-12

图 1-13

1.3　让画面符合观众的心理预期

我们会发现一些电影或电视剧，几乎可以让观众一两小时看下来，目光都离不开屏幕。之所以会这样，正是因为屏幕上持续出现的是我们想看到的画面，而要做到这一点，就必须要对视频素材进行剪辑。

剪掉无用的视频片段

一定要剪掉那些无用的视频片段，只保留必要的、精彩的，能够讲明白整个视频内容的画面，从而让观众看到的每一帧画面都是精彩的，都是能对理解整个视频内容起到一定作用的。在将整段视频中无用的片段都剪掉后，视频也会更加紧凑，进而更能保持观众的新鲜感。

图 1-14 所示画面用来交代环境，图 1-15 所示画面通过角色交流推进剧情，在拍摄这两个画面时不可能只拍到了成片中展现的时长，势必还有多余的部分，那么就需要进行剪辑。

图 1-14

图 1-15

让画面符合逻辑顺序

什么画面才符合观众心理预期呢？事实上，每个人在看到一个动态画面之后，都会对其未来的走向有一个预判，而这个"预判"是具有基本逻辑顺序的。如图 1-16 所示，当一个人问另一个人"你想要怎么解释"时，观众脑海中自然会期待另一个人解释的画面。因此，下一个画面就是另一个人的回答"我需要为这事儿解释吗"（如图 1-17 所示），这与观众的心理预期吻合，可以让故事自然地进行下去。

再举一个例子，比如一段打斗画面，当其中一个人物给了另一个人物重重的一拳时，下一个画面表现什么才能符合观众的心里预期？没错，下一个画面应该表现被打的人伤得有多重。因为根据常规的逻辑关系，一个人被打后，观众肯定会对那个人"被打成什么样"很感兴趣，所以几乎在所有影视剧中，当人物受到了严重的攻击后，都会有一个镜头表现其被攻击后的状态。而这些，都需要通过剪辑来完成。

图1-16

图1-17

通过剪辑寻找画面中潜在的联系

有些画面之间的联系不会像"逻辑顺序"这么显而易见。因为如果整个视频中所有画面之间都是通过明显的逻辑顺序进行连接，一旦画面内容不够新奇，就很容易让观众感觉到乏味。因此，如果可以发现画面之间潜在的联系，并通过后期剪辑将这种联系"放大"，往往能够出人意料，引起观众遐想，并且不会让观众觉得突兀。

比如，一个镜头表现的是一把被扔到垃圾桶的钥匙，然后紧接着下一个镜头是放学回家的孩子在用钥匙开门，并且给了钥匙一个特写。两个镜头在逻辑顺序上其实完全没有关系，但通过同一个物品"钥匙"，使得画面的转换非常自然，而且势必会引起观众一系列的联想"这把钥匙为什么会被扔到垃圾桶？""这个孩子是不是遇到了什么危险？"，进而让观众带着好奇心继续观看。

也可以利用情感联系将画面衔接。如图1-18和图1-19所示的两个镜头，乍一看并没有什么联系，但放在整个影片中，就可以让观众了解到主人公参赛时十分忐忑的心情。那么在比赛过程中，穿插些赛前表现犹豫、焦虑的画面就不会让观众感觉突兀了。

图1-18

图1-19

1.4 通过剪辑对视频进行二次创作

剪辑之所以能够成为独立的艺术门类，主要原因在于它是对镜头语言和视听语言的再创作。既然提到"创作"，就意味着即便是相同的视频素材，通过不同的方式进行剪辑，也可以形成画面效果、风格，甚至情感都完全不同的视频。

而剪辑的本质，其实就是对视频画面中的人或物进行解构再重组的过程。

剪辑可以重塑视频

对于一些看似平淡无奇的画面，我们通过剪辑使其跨越时间与空间组合在一起后，也许就能形成不可思议的效果。比如，已经成为一种视频类别的"鬼畜视频"，其实就是通过变速、倒放这两个剪辑方法，将一些生活中的片段拼凑在一起，再将"重复"的动作与"重复"的音乐进行匹配，化腐朽为神奇，让普通场景变得颇有看点。

除此之外，如图1-20和图1-21所示，为视频增加特效或动画也是重塑视频的常用方法，可以让画面更精彩、更吸引观众。而且一些特效与动画的组合，还能够产生些"化学变化"，为视频带来更多看点。

图1-20

图1-21

发挥自己的想象力

通过后期剪辑可以实现你想得到的所有效果，就怕你想不出那些有创意的画面。所以对于剪辑而言，"脑洞"——也就是想象力非常重要。其实，在开始拍摄之前，脑海中就应该对剪辑后的效果形成一个雏形。无论是前期拍摄还是后期剪辑，都是为了实现脑海中的效果。因此，为了能够剪辑出那些天马行空的视频，要多激发自己的灵感，再通过拍摄与剪辑将灵感转变为实际的画面。

值得一提的是，一些剪辑师自己不拍摄视频，而是从网络上购买视频素材或者使用无版权视频素材进行混剪，从而实现脑海中的画面。图1-22和图1-23就来自一段混剪视频，将一系列看似毫无关系，但却能表现人类伟大创造力的画面混剪在一起，表达了剪辑者赞美人类的主观思想。这也证明了，剪辑绝对不仅仅指的是将前期拍摄的视频按照顺序进行拼接，更多的是根据剪辑师的想法，让画面变得更具主观性。

图1-22

图1-23

加入个人的理解

无论剪辑自己录制的视频素材，还是其他摄影师录制的素材，在尽量还原分镜头脚本中预期的效果的前提下，还可以适当加入个人对画面的理解，从而让视频在画面的衔接、节奏及情感表达上更加流畅和完整。

在影视剧创作中，导演甚至会征求剪辑师的意见来确定拍摄方案。这足以证明剪辑不是机械的，而是需要融入个人理解的。

利用背景音乐、音效、调色等进行二次创作

通过剪辑对视频进行二次创作，不仅仅是调整各视频片段的顺序与衔接，来营造不同的观看体验，还要综合利用背景音乐、音效、调色来强化画面的情感和情绪表达，让观众更容易沉浸在画面所营造的氛围之中。

比如《银翼杀手》这部电影就是通过将画面色调处理为冷色调，来营造未来高科技社会的冰冷，如图 1-24 和图 1-25 所示。

图 1-24   图 1-25

第2章

掌握剪映从界面功能开始

2.1 玩转剪映从认识界面开始

将一段视频素材导入剪映后，即可看到其编辑界面。该界面由三部分组成，分别为预览区、时间线和工具栏。

查看后期效果——预览区

预览区的作用在于可以实时查看视频画面。随着时间轴处于视频轨道不同的位置，预览区即会显示当前时间轴所在那一帧的图像。

可以说，视频剪辑过程中的任何一个操作，都需要在预览区中确定其效果。当对完整视频进行预览后，发现已经没有必要继续修改时，一个视频的后期就完成了。预览区在剪映界面中的位置如图2-1所示。

如图2-1所示，预览区左下角显示"00:00/00:06"，其中"00:00"表示当前时间轴位于的时间刻度为"00:00"；"00:06"则表示视频总时长为6秒。

点击预览区下方的▶图标，即可从当前时间轴所处位置播放视频；点击⤺图标，即可撤回上一步操作；点击⤻图标，即可在撤回操作后，再将其恢复；点击▣图标可全屏预览视频。

图 2-1

后期操作的"集中地"——时间线

在使用剪映进行视频后期时，90%以上的操作都是在"时间线"区域中完成的，该区域范围如图2-2所示。

时间线中的轨道

占据时间线区域较大比例的是各种"轨道"。图2-2中有山峰图案的是主视频轨道；橘黄色的是贴纸轨道；橘红色的是文字轨道。

在时间线中还有其他各种各样的轨道，如特效轨道、音频轨道、滤镜轨道等。通过各种轨道的首尾位置，即可确定其时长及效果的作用范围。

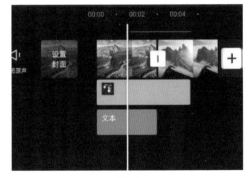

图 2-2

时间线中的时间轴

时间线区域中那条竖直的白线就是时间轴，随着时间轴在视频轨道上移动，预览区域就会显示当前时间轴所在那一帧的画面。在进行视频剪辑，以及确定特效、贴纸、文字等元素的作用范围时，往往都需要移动时间轴到指定位置，然后再移动相关轨道至时间轴，以实现精确定位。

時間線中的時間刻度

在時間線區域的最上方，是一排時間刻度。通過該刻度，可以准確判斷當前時間軸所在時間點。其更重要的作用在於，隨著視頻軌道被"拉長"或者"縮短"，時間刻度的"跨度"也會跟著變化。

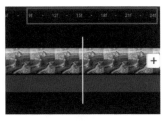

当视频轨道被拉长时，时间刻度的跨度最小可以达到1.5帧/节点，有利于精确定位时间轴的位置，如图2-3所示；而当视频轨道被缩短时，则有利于时间轴快速在较大时间范围内移动。

图2-3

多样功能这里找——工具栏

在剪映编辑界面的最下方即为工具栏。剪映中的所有功能几乎都需要在工具栏中选择。在不选中任何轨道的情况下，剪映所显示的为一级工具栏，点击相应选项，即会进入二级工具栏。

值得注意的是，当选中某一轨道后，剪映工具栏会随之发生变化，变成与所选轨道相匹配的工具。比如，图2-4所示为选中视频轨道时的工具栏，而图2-5所示则为选择文本轨道时的工具栏。

图2-4

2.2 界面大变样的剪映专业版

图2-5

剪映专业版是剪映手机版被移植到电脑上的版本，所以总体来说操作的底层逻辑与手机版剪映几乎完全相同，如图2-6所示。由于电脑的屏幕较大，剪映专业版在界面上会有一定变化。只要了解了各个功能和选项的位置，在学会了手机版剪映操作的情况下，也就自然知道如何通过剪映专业版进行剪辑。

剪映专业版主要包含6大区域，分别为工具栏、素材区、预览区、细节调整区、常用功能区和时间线区域，如图2-7所示。在这6大区域中，分布着剪映专业版所有的功能和选项。其中，占据空间最大的是时间线区域，而该区域也是视频剪辑的主要"战场"。剪辑的绝大部分工作，都是在对时间线区域中的轨道进行编辑，从而实现预期的画面效果。双击剪映图标，单击"开始创作"，即可进入剪映专业版编辑界面。

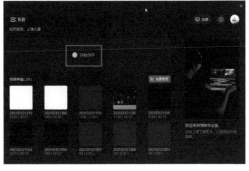

图2-6

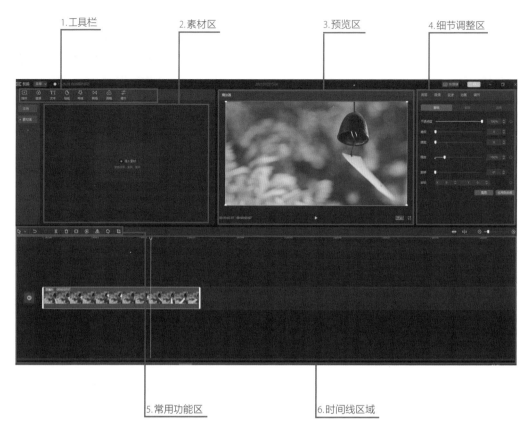

1.工具栏　　　　2.素材区　　　　3.预览区　　　　4.细节调整区

5.常用功能区　　　　6.时间线区域

图 2-7

　　1.工具栏：工具栏区域中包含"媒体""音频""文本""贴纸""特效""转场""滤镜""调节" 8 个选项。其中只有"媒体"选项没有在手机版剪映中出现。单击"媒体"选项后，可以选择从"本地"或"素材库"导入素材至素材区。

　　2.素材区：无论是从本地导入的素材，还是选择了工具栏中的"贴纸""特效""转场"等工具，可用素材、效果，均会在"素材区"显示。

　　3.预览区：后期过程中，可随时在预览区查看效果。单击预览区右下角的 图标可进行全屏预览；单击右下角的 原始 图标，可以调整画面比例。

　　4.细节调整区：当选中时间线区域中的某一轨道后，在细节调整区即会出现可针对该轨道进行的细节设置。选中视频轨道、文字轨道和贴纸轨道时，细节调整区分别如图 2-8、图 2-9 和图 2-10 所示。

图2-8 图2-9 图2-10

5.常用功能区：在常用功能区中可以快速对视频轨道进行分割、删除、定格、倒放、镜像、旋转和裁剪等操作。

另外，如果操作有误，单击该功能区中的🔄图标，即可将上一步操作撤回。单击🔸图标，即可将鼠标的作用设置为"选择"或"切割"。当设置为"切割"时，在视频轨道上单击鼠标左键，即可在当前位置分割视频。

6.时间线区域：时间线区域中包含3大元素，分别为轨道、时间轴和时间刻度。

由于剪映专业版界面较大，所以不同的轨道可以同时显示在时间线中，如图2-11所示。这点相比手机版剪映优势明显，可以提高后期处理效率。

图2-11

小提示： 在使用手机版剪映时，由于图片和视频都统一能在"相册"中找到，所以"相册"就相当于剪映的素材区。但对于专业版剪映而言，电脑中往往并没有固定的存储所有图片和视频的文件夹。所以，专业版剪映才会出现单独的素材区。

因此，在使用专业版剪映进行后期处理的第一步，就是将准备好的一系列素材，全部添加到剪映的素材区中。在后期过程中，需要哪个素材，直将其从素材区拖动到时间线区域即可。

另外，如果需要将视频轨道拉长，从而精确选择动态画面中的某个瞬间，则可以通过时间线区域右侧的 ⊖ ━━━ ⊕ 滑动条进行调节。

2.3　精确定位时间点的时间轴

通过上文已经了解，时间轴是时间线区域中的重要元素。在视频后期中，熟练运用时间轴可以让素材之间的衔接更流畅，让效果的作用范围更精确。

用时间轴精确定位精彩瞬间

当从一个镜头中截取视频片段时，只需要在移动时间轴的同时观察预览画面，即可通过画面内容来确定截取视频的开头和结尾。以图2-12和图2-13为例，利用时间轴可以精确定位到视频中人物从车辆的右后方走到左后方的画面，从而确定所截取视频的开头（11秒过7.5帧）和结尾（14秒过15帧）。

通过时间轴定位视频画面几乎是所有后期中的必做操作。因为对于任何一种后期效果，都需要确定其"覆盖范围"。而"覆盖范围"其实就是利用时间轴来确定起始时刻和结束时刻。

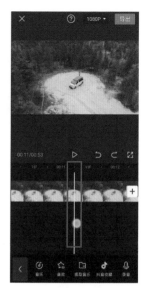

图2-12

让时间轴快速大范围移动

在处理长视频时，由于时间跨度比较大，所以从视频开头移动到视频末尾就需要较长的时间。

此时，可以将视频轨道"缩短"（两个手指按在屏幕上并拢，同缩小图片的操作），从而让时间轴移动较短距离，就能实现视频时间刻度的大范围跳转。

比如图2-14中，由于每一格的时间跨度长达5秒，因此在这个53秒的视频中，将时间轴从开头移动到结尾可以在极短时间内完成。

另外，时间轨道缩短后，每一段视频在界面中显示的"长度"也变短了，从而可以更方便地调整视频排列顺序。

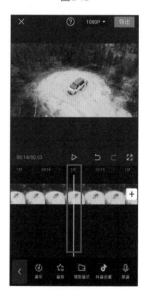

图2-13

以帧为单位进行精确定位

拉长时间线到一定程度后（两个手指按在屏幕上分开，同放大图片的操作），时间刻度将以"帧"为单位显示。

动态的视频其实就是快速连续播放多个静态的画面所呈现的效果。组成一个视频的每一个画面，就被称为"帧"。

手机录制视频的帧率一般为30fps，也就是每秒连续录制30个画面。

所以，当将视频轨道拉至最长后，每一帧的画面都会被显示出来，从而极大地提高画面选择的精度。

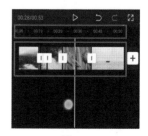

图2-14

图2-15

图2-16

例如，图2-15所示的18f（第18帧）的画面和图2-16所示的21f（第21帧）的画面就存在细微的区别。在拉长轨道后，可以通过时间轴在这细微的区别中进行选择。

2.4 视频剪辑其实就是编辑各种轨道

视频后期过程中，绝大多数时间都是在处理轨道。因此，掌握了对轨道进行简单操作的方法，就算迈出了视频后期的第一步。

调整素材的顺序

利用视频后期中的轨道，可以快速调整多段视频的排列顺序。

❶ 缩短时间线，让每一段视频都能显示在编辑界面中，如图2-17所示。

❷ 长按需要调整位置的视频片段，并将其拖拽到目标位置，如图2-18所示。

❸ 手指离开屏幕后，即完成视频素材顺序的调整，如图2-19所示。

图2-17

图2-18

图2-19

可以利用相似的方法调整其他轨道上素材的顺序或者改变素材所在的轨道。

如图 2-20 中有两条音频轨道。如果想让配乐在时间线上不重叠，可以长按其中一条音频，将其与另一条音频放在同一轨道上，如图 2-21 所示。

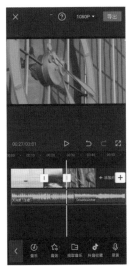

图 2-20

图 2-21

调节视频片段时长

在后期剪辑时，经常会出现需要调整视频长度的情况。下面介绍快速调节的方法。

❶ 选中需要调节长度的视频片段，如图 2-22 所示。

❷ 拖动左侧或右侧的白色边框，即可增加或缩短视频长度。拖动时，视频片段时长会在左上角显示，如图 2-23 所示。需要注意的是，如果视频片段已经完整呈现在轨道中，则无法继续增加其长度。

❸ 当调整视频片段边框至时间轴附近时，会有吸附效果，如图 2-24 所示。可以提前确定好时间轴的位置，以便更精准地调节视频片段。

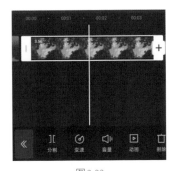

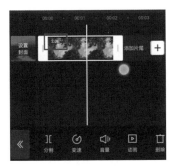

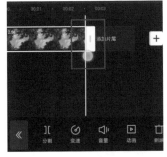

图 2-22

图 2-23

图 2-24

调整效果覆盖范围

无论是添加文字，还是添加音乐、滤镜、贴纸等效果，都需要确定其覆盖的范围，也就是确定从哪个画面开始到哪个画面结束应用这种效果。

❶ 移动时间轴确定应用该效果的起始画面，然后长按效果片段并拖曳（此处以特效为例），将效果片段的左侧边框与时间轴对齐。当效果片段边框移动到时间轴附近时，就会被自动吸附过去，如图 2-25 所示。

❷ 接下来点击一下效果片段，使其边缘出现白框。移动时间轴至计划应用该效果的结束画面，如图 2-26 所示。

❸ 拉动白框右侧的 部分，将其与时间轴对齐。同样的，效果片段边框被拖动至时间轴附近时，就会被自动吸附，所以不用担心能否对齐，如图 2-27 所示。

图 2-25

图 2-26

图 2-27

图 2-28

让一段视频包含多种效果

一个视频在同一时间段内，可以具有多个轨道，比如音乐轨道、文本轨道、贴图轨道、滤镜轨道等。所以，当播放这段视频时，就可以同时加载覆盖了这段视频的一切效果，最终呈现出丰富多彩的视频画面，如图 2-28 所示。

2.5　通过一个案例掌握剪映专业版基础操作

前面的内容均以剪映手机版为例进行讲解。下面通过一个文字、音乐卡点视频的实操案例，来体会剪映专业版与手机版在操作上的不同，并且让大家能熟悉一下专业版各个功能和选项的具体位置。

步骤一：提取背景音乐并为其手动添加节拍点

因为要让文字的出现与音乐节拍点匹配，所以只有确定了节拍点，才能确定各段文字素材在轨道的位置及文字素材的数量。具体方法如下所述。

❶ 由于剪映专业版没有音乐搜索功能，所以当需要指定某首歌作为背景音乐时，只能从其他视频中提取。单击左上角的"音频"选项，选择"音频提取"，单击"导入素材"，如图2-29所示。

❷ 在电脑文件夹中找到需要提取背景音乐的视频，并单击右下角的"打开"按钮，如图2-30所示。提取出的音频则会在"素材区"中显示。

图2-29   图2-30

❸ 单击音频素材右下角的"➕"图标，如图2-31所示。

❹ 此时，音频素材即被添加至时间线中，如图2-32所示。

 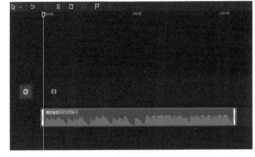

图2-31   图2-32

❺ 提取出的音频无法使用"自动踩点"功能，因此，需要在节拍点处单击▐图标手动添加节拍点。整段音频节拍点添加完成后如图2-33所示，音频轨道上的小黄点即为节拍点。

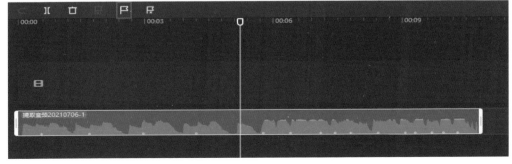

图2-33

❻ 节拍点确定后，数一下节拍点的数量，即可确定最多可以准备多少句文字在视频中显示。由于本案例中前4个节拍点均为重复的歌词"Say what"，所以前4句文字就是"Say what"。从第5个节拍点开始，就是自己准备的文字内容了，共有11个节拍点，也就是最多可以准备11句话，而笔者在这个案例中准备了10句话。

步骤二：准备文字素材并与节拍点相匹配

音乐与节拍点确定之后，就可以准备文字素材了。具体方法如下所述。

❶ 将打好节拍点的草稿保存（剪映会自动保存，直接关闭即可），并将其重命名为"音乐草稿"，如图2-34所示。

❷ 再单击"开始创作"，重新进入剪映编辑界面。单击界面上方"媒体"，选择素材库中的黑白场，并添加"黑场"至时间线，如图2-35所示。此处之所以没有添加白场，是因为文字周围的图标同样为白色，白场会导致看不见它们的位置，调节起来会非常麻烦。

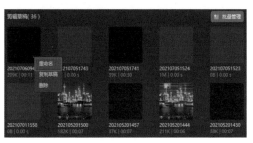

图2-34

图2-35

❸ 单击界面左上角的"文本"选项，选择"新建文本"，添加"默认文本"，如图2-36所示。

❹ 选中文本轨道，单击右上角的"编辑"→"文本"选项，在下方输入框中输入相应文字。此处输入"Say what"，并将"字体"设置为"新青年体"，如图2-37所示。

图2-36

图2-37

❺ 接下来则重复第3步和第4步，将准备的每一段文字均输入到剪映中。当所有文字均输入完成后，轨道如图2-38所示。为了让之后制作的文字视频更具变化，可以将每一段文字的大小、方向进行适当调整。制作完成后，将该文字视频导出即可。

图 2-38

❻ 打开之前有背景音乐的草稿，并单击左上角的"媒体"→"本地"，选择"导入素材"，将刚刚导出的文字视频导入素材库，如图 2-39 所示。

❼ 将鼠标悬停在文字视频素材上，单击右下角的 ⊕ 图标，将其添加至时间线。然后单击预览区右下角"原始"图标，设置画面比例为 9:16，如图 2-40 所示。

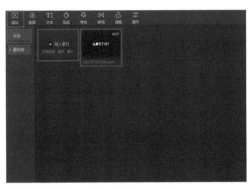

图 2-39

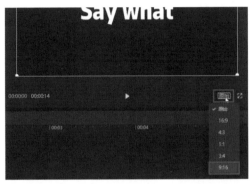

图 2-40

❽ 为了让每一句话出现时的效果都不一样，应将每句话均设置为单独的一段素材。那么接下来要做的，就是将一整段文字视频分割，使每一段素材都只有一句话。需要注意的是，由于这些文字是连续出现的，所以几乎没有办法只通过"分割"功能就让前后衔接的两句话不互相干扰。因此需要将两段文字衔接处的画面多删一些，比如在将"Say what"与后一句"认真学了吗？"进行分割时，要首先将时间轴移动到显示"Say what"画面的末尾附近，单击 ❙❙ 图标进行分割，如图 2-41 所示。

❾ 然后，将时间轴移动到画面显示"认真学了吗？"的区域。此处可以多向右移动些时间轴，确定其开头不会有"Say what"字样的画面，然后进行分割，如图 2-42 所示。

❿ 两次分割后，选中中间的片段，单击 ❙❑ 图标删除即可。这样，就将两句话完全分割开了，如图 2-43 所示。

图 2-41

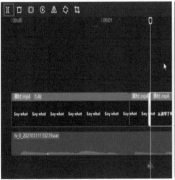

图 2-42

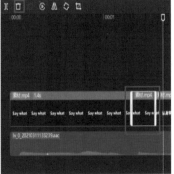

图 2-43

⑪ 文字段落分割完成后，即可将各个段落与对应的节拍点对齐。由于第一个节拍点之前还有些前奏，所以此处再添加一个黑场，使其结尾与第一个节拍点对齐，如图 2-44 所示。

⑫ 选中"Say what"素材轨道，拖动其右侧白框，使其末尾与第 2 个节拍点对齐，如图 2-45 所示。然后，将这段文字素材复制 3 次（因为还有 3 句 Say what 歌词），再分别对应到各个节拍点即可。

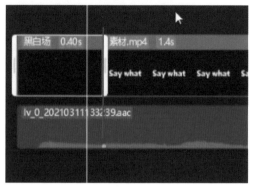

图 2-44

图 2-45

⑬ 接下来即为重复操作，将之后的所有文字素材都先分割成每个片段只有一段文字，并选中该段文字，通过拖动白框调节其起始和结束位置，使之与节拍点对齐。当每一段文字素材均与节拍点对齐后，其轨道如图 2-46 所示。

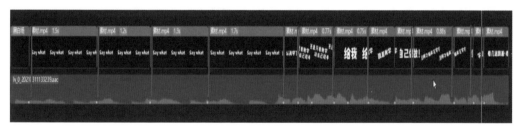

图 2-46

> **小提示：** 在将文字片段与节拍点对齐的过程中，需要反复试看视频，以保证文字的显示时间足够观众将其看完整，避免节拍点间隔太短，导致文字一闪而过。但文字的显示时间又不能太长，否则画面会很乏味。所以这个"度"就需要剪辑者自己来把握。通常而言，音乐卡点视频的背景音乐节奏往往很快，所以文字卡点大概率会出现显示时间过短的问题，此时就可以中间间隔一个节拍点，比如图 2-46 中的部分文字片段就是这样处理的。

步骤三：为文字添加动画

虽然文字已经能卡着节拍显示在画面中，但依旧乏味，所以需要为每个文字片段添加"动画"效果。也许有人会问，为何本案例不直接为文字添加动画？这样将文字保存为视频，再去添加动画不是更麻烦？

事实上，由于文字动画效果大多没有什么爆发力，所以很难做出动感十足的效果。将文字保存为视频素材，再对视频轨道添加动画时，可供选择的效果中有很多都具有更强的视觉冲击力，而且可选择的空间也更大。下面讲解添加动画的具体方法。

❶ 选中一段需要添加动画的视频片段，如图 2-47 所示。

❷ 单击右上角的"动画"选项，选择"入场"分类下的"向左下甩入"动画效果，如图 2-48 所示。

❸ 按照相同的方法，再选中另外一段视频素材，即可为其添加不同效果的动画，图 2-49 中选择的为"组合"分类下的"上下分割Ⅱ"效果。以此类推，将之后每一段文字视频素材都添加上动画效果。需要注意的是，为了让画面更具动感，建议选择干净利落的动画效果。

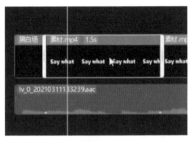

图 2-47

❹ 最后，选中视频素材，单击界面右上角的"动画"，将"动画时长"滑动条拉到最右侧，如图 2-50 所示。本案例中的所有文字视频素材均要进行此操作，从而让画面中的文字时刻保持动态。

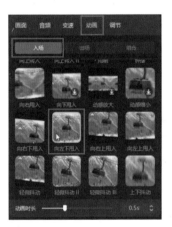

图 2-48

图 2-49

图 2-50

第3章

开始剪辑第一段视频

在认识剪映的界面并掌握基础操作后，就可以开始进行第一次视频后期了。接下来将通过一个完整的后期流程，使各位能够上手剪辑视频。

3.1 导入视频

导入视频的基本方法

❶ 打开剪映App后，点击"开始创作"选项，如图3-1所示。

❷ 在进入的界面中选择希望处理的视频，然后点击界面下方"添加"选项，即可将该视频导入剪映。

当选择了多个视频导入剪映时，其在编辑界面的排列顺序将与选择顺序一致，并且在图3-2所示的导入视频界面中，也会出现序号。当然，导入素材后，在编辑界面中也可以随时改变视频排列顺序。

图3-1

图3-2

导入视频即完成视频制作的方法

使用剪映"剪同款"功能，可以通过选择"模板"的方式，在导入素材后自动生成带有特效的视频。

❶ 打开剪映后，点击界面下方的▣图标（剪同款），即可显示多个视频，如图3-3所示。

❷ 选择一个喜欢的视频，并点击界面右下角的"剪同款"选项，如图3-4所示。

❸ 不同模板需要的素材数量不同，此处所选视频模板需要添加16段素材。选定需要添加的素材后，点击右下角的"下一步"，如图3-5所示。

需要注意的是，素材数量不能多也不能少，必须正好为所需素材数量才能够继续进行制作。

❹ 片刻之后，剪映就自动将所选视频制作成模板的效果。点击"文本编辑"选项，还可以对模板中的文字进行更改，如图3-6所示。

> ▰▰▰ **小提示：** 使用"剪同款"功能虽然可以快速得到具有一定效果的视频，但是却无法根据自己的需求进行修改。因此，如果想做出完全符合自己预期效果的视频，依然需要对剪映进行学习。不过，如果自己没有后期思路，可以去剪同款中看一看有哪些有趣的效果，没准儿就会为你带来灵感。

| 图3-3 | 图3-4 | 图3-5 | 图3-6 |

3.2 设置适合画面内容的视频比例

无论将制作好的视频发布到抖音还是快手，均建议将画面比例设置为9:16。因为在竖持手机时，该比例的视频可以全屏显示。

在刷短视频时，大多数人会竖拿手机，所以9:16的画面比例对于观众来说更方便观看。

❶ 打开剪映App，点击界面下方"比例"选项，如图3-7所示。

❷ 在界面下方选择所需的视频比例，建议设置为9:16，如图3-8所示。

图3-7

图3-8

3.3 添加背景让"黑边"消失

在调节画面比例之后，如果视频画面与所设比例不一致，画面四周可能会出现黑边。防止黑边出现的一种方法就是添加"背景"。

❶ 将时间轴移动到希望添加背景的视频轨道内，点击界面下方"背景"选项，如图 3-9 所示。注意，添加背景时不要选中任何片段。

❷ 从"画布颜色""画布样式""画布模糊"中选择一种背景风格，如图 3-10 所示。其中"画布颜色"为纯色背景，"画布样式"为有各种图案的背景，"画布模糊"为将当前画面放大并模糊后作为背景。笔者更偏爱选择"画布模糊"风格，因为该风格的背景与画面的割裂感最小。

❸ 此处以选择"画布模糊"风格为例。当选择该风格后，可以设置不同模糊程度的背景，如图 3-11 所示。

需要注意的是，如果此时视频中已经有多个片段，那么背景只会加载到时间轴所在的片段上；如果需要为其余所有片段均增加同类背景，则需要点击图 3-11 左下方的"应用到全部"。

图 3-9

图 3-10

图 3-11

3.4 让视频素材充满整个画面的方法

在统一画面比例后，也可以通过调整视频画面的大小和位置使其覆盖整个画布，避免出现"黑边"的情况。

❶ 在视频轨道中选中需要调节大小和位置的视频片段，此时预览画面中会出现红框，如图 3-12 所示。

❷ 使用双指放大画面，使其填充整个画布，如图 3-13 所示。

❸ 由于原始画面的比例发生了变化，所以要适当调整画面位置，使画面构图更好看。在预览区按住画面拖动即可调节其位置，如图 3-14 所示。

图 3-12   图 3-13   图 3-14

3.5 剪辑视频让多段素材的衔接更流畅

将视频片段按照一定顺序组合成一个完整视频的过程，就叫作剪辑。

即使整个视频只有一个镜头，也可能需要将多余的部分删除掉，或者是将其分成不同的片段，重新进行排列组合，进而产生完全不同的视觉感受，这同样也是剪辑。

将一段视频导入剪映后，与剪辑相关的工具基本都在"剪辑"选项中，如图 3-15 所示。其中常用的工具为"分割"和"变速"，如图 3-16 所示。

另外，为视频片段间添加转场效果也是剪辑中的重要操作，可以让视频更流畅、自然，图 3-17 所示为转场编辑界面。

图 3-15   图 3-16   图 3-17

3.6 润色视频营造画面氛围

与图片后期相似，一段视频的影调和色彩也可以通过后期来调整。

❶ 打开剪映后，选中需要进行润色的视频片段，点击界面下方的"调节"选项，如图3-18所示。

❷ 选择"亮度""对比度""高光""阴影""饱和度"等工具，拖动滑动条，即可实现对画面明暗、色彩的调整，如图3-19所示。

❸ 也可以点击图3-18中的"滤镜"选项，在图3-20所示的界面中，通过添加滤镜来调整画面的影调和色彩。拖动滑动条，可以控制滤镜的强度，得到理想的画面色调。

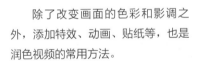

图 3-18

图 3-19

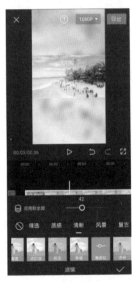

图 3-20

除了改变画面的色彩和影调之外，添加特效、动画、贴纸等，也是润色视频的常用方法。

❹ 点击界面下方的"特效"选项，再点击不同效果的缩略图，即可添加特效，如图3-21所示。

❺ 选中视频片段后，点击界面下方"动画"选项，即可为画面添加动画，实现多种动态效果，如图3-22所示。

图 3-21

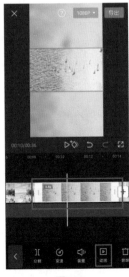

图 3-22

3.7　添加一首好听的BGM

通过剪辑将多个视频串联在一起，再对画面进行润色之后，其在视觉上的效果就基本确定了。接下来，则需要对视频进行配乐，进一步烘托短片所要传达的情绪与氛围。

❶ 在添加背景音乐之前，首先点击视频轨道下方的"添加音频"字样，或者点击界面左下角的"音频"选项，即可进入音频编辑界面，如图3-23所示。

❷ 点击界面左下角的"音乐"即可选择背景音乐，如图3-24所示。若在该界面点击"音效"，则可以选择一些简短的音频，针对视频中某个特定的画面进行配音。

❸ 进入音乐选择界面后，点击音频右侧的↓图标，即可下载该音频，如图3-25所示。

❹ 下载完成后，↓图标会变为"使用"字样。点击后，即可将所选音乐添加至视频，如图3-26所示。

图 3-23　　　　　　　图 3-24　　　　　　　图 3-25　　　　　　　图 3-26

3.8　导出做好的视频

对视频进行剪辑、润色并添加背景音乐后，就可以将其导出保存或者上传到抖音中发布了。

❶ 点击剪映右上角的"1080P"字样，如图3-27所示。

❷ 点击后即弹出如图3-28所示的界面，对"分辨率"和"帧率"进行设置，然后点击右上角"导出"即可。一般情况下，"分辨率"设置为1080p，"帧率"设置为30即可。如果有充足的存储空间，则建议将"分辨率"和"帧率"均设置为最高。

❸ 成功导出后，即可在相册中查看该视频，或者点击"抖音""西瓜视频"直接进行发布，如图3-29所示。若点击界面下方"更多"，即可直接分享到"今日头条"。

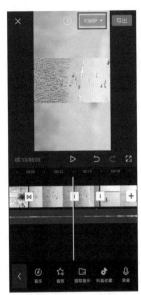

图 3-27

图 3-28

图 3-29

第4章

让视频图文并茂

为了让视频的信息更丰富，让重点更突出，很多视频都会添加一些文字，比如视频的标题、字幕、关键词、歌词等。除此之外，为文字增加些动画或特效，并将其安排在恰当的位置，还能令视频画面更具美感。

本章将专门针对剪映中与文字相关的功能进行讲解，让各位能制作出图文并茂的视频。

4.1 好看的标题是视频的"门面"

❶ 将视频导入剪映后，点击界面下方的"文本"选项，如图4-1所示。

❷ 继续点击界面下方的"新建文本"选项，如图4-2所示。

❸ 输入希望作为标题的文字，如图4-3所示。

❹ 点击"样式"选项，即可更改字体和颜色，如图4-4所示。而文字的大小则可以通过"放大"或"缩小"的手势进行调整。

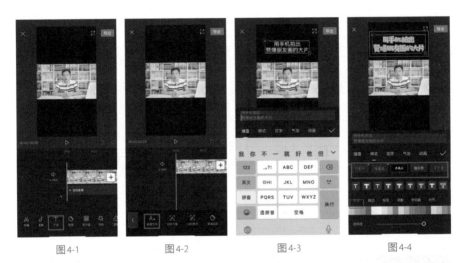

图4-1　　　　　图4-2　　　　　图4-3　　　　　图4-4

❺ 为了让标题更突出，将文字的颜色设定为橘黄色后，点击界面下方的"描边"选项，将边缘设为蓝色，从而利用对比色让标题更鲜明，如图4-5所示。

❻ 确定好标题的样式后，还需要通过文本轨道和时间线来确定标题显示的时间。在本案例中，由于是希望标题始终能呈现在视频界面上，所以文本轨道完全覆盖视频轨道，如图4-6所示。

图4-5　　　　　图4-6

4.2 添加字幕完善视频内容

❶ 将视频导入剪映后，点击界面下方的"文本"选项，并选择"识别字幕"，如图4-7所示。

❷ 在点击"开始识别"之前，建议勾选"同时清空已有字幕"选项，防止在反复修改时出现字幕错乱的问题，如图4-8所示。

❸ 自动生成的字幕会出现在视频下方，如图4-9所示。

图4-7

图4-8

图4-9

❹ 点击字幕并拖动，即可调整位置。通过"放大"或"缩小"的手势，可调整字幕大小，如图4-10所示。

❺ 值得一提的是，当对其中一段字幕进行修改后，其余字幕将自动进行同步修改（默认设置下）。比如在调整位置并放大图4-10中的字幕后，图4-11中字幕的位置和大小也将同步得到修改。

❻ 同样，字幕的颜色、字体也可以进行调整，如图4-12所示。另外，如果取消勾选图4-12中红框内的选项，则可以在不影响其他段字幕效果的情况下，单独对一段字幕进行修改。

图4-10

图4-11

图4-12

4.3 "会动的文字"可以这样添加

利用动画让文字动起来

如果想让画面中的文字动起来，最常用的方法就是为其添加"动画"。具体方法如下所述。

❶ 选中一段文本轨道，并点击界面下方的"动画"选项，如图4-13所示。

❷ 在界面下方选择为文字添加"入场动画""出场动画"还是"循环动画"。"入场动画"往往和"出场动画"一同使用，从而让文字的出现与消失都更自然。选中其中一种"入场动画"后，下方会出现控制动画时长的滑动条，如图4-14所示。

❸ 选择一种"出场动画"后，控制动画时长的滑动条会出现红色部分。控制红色线段的长度，即可调节出场动画的时长，如图4-15所示。

❹ 而"循环动画"往往需要文字在画面中长时间停留，且在希望其处于动态效果时才会使用。需要注意的是，"循环动画"不能与"入场动画"和"出场动画"同时使用。一旦设置了"循环动画"，即便之前已经设置了入场或出场动画，也会自动将其取消。

并且，在设置了"循环动画"后，界面下方的"动画时长"滑动条将更改为"动画速度"滑动条，如图4-16所示。

图4-13

图4-14   图4-15

图4-16

小提示：应该通过视频的风格和内容来选择合适的文字动画。比如当制作"日记本"风格的短视频时，如果文字标题需要长时间出现在画面中，那么就适合使用循环动画中的"轻微抖动"或者"调皮"效果，从而既避免了画面死板，又不会因为文字动画幅度过大影响视频表达。一旦选择了与视频内容不相符的文字动画效果，则很可能让观众的注意力难以集中在视频本身。

打字动画效果后期方法

很多视频的标题都是通过打字效果进行展示的。这种效果的关键在于文字入场动画与音效配合。下面，就通过一个简单的实例教学，来展示如何灵活运用为文字添加动画的功能来实现打字的效果。

❶ 首先选择希望制作打字效果的文字，并添加"入场动画"分类下的"打字机Ⅰ"，如图4-17所示。

❷ 依次点击界面下方"音频"和"音效"选项，添加"机械"分类下的"打字声2"音效，如图4-18所示。

❸ 为了让打字声音效与文字出现的时机相匹配（文字在视频一开始就逐渐出现），需适当减少打字声音效的开头部分，并将多余的音效删掉，只保留1.6秒左右，如图4-19所示。

图4-17

图4-18

图4-19

❹ 接下来要让文字随着打字声音效逐渐出现，所以要调节文字动画的速度。再次选择文本轨道，点击界面下方"动画"选项，如图4-20所示。

❺ 适当增加动画时间，并反复试听，直到最后一个文字出现的时间点与打字声音效结束的时间点基本一致即可。对本案例而言，当入场动画时长设置为1.5秒时，与打字声音效基本匹配，如图4-21所示。至此，打字效果即制作完成。

图4-20

图4-21

4.4 学会这个功能，让视频自己会说话

想必大家在刷抖音时总是会听到一个熟悉的女声，这个声音在教学类、搞笑类、介绍类短视频中都很常见。有些人以为这个女声是视频进行配音后再做变声处理后得到的，其实没有那么麻烦，只需要利用"文本朗读"功能就可以轻松实现。

❶ 选中已经添加好的文本轨道，点击界面下方的"文本朗读"选项，如图4-22所示。

❷ 在弹出的选项中，即可选择喜欢的音色。我们在抖音中经常听到的，正是"小姐姐"音色，如图4-23所示。简单两步，视频中就会自动出现所选文本的语音。

❸ 利用同样的方法，即可让其他文本轨道也自动生成语音。但这时会出现一个问题，相互重叠的文本轨道导出的语音也会互相重叠。此时，切记不要调节文本轨道，而是要点击界面下方的"音频"选项，从而显示出已经导出的各条音频轨道，如图4-24所示。

图4-22

图4-23

图4-24

❹ 只需要让音频轨道彼此错开，就可以解决语音相互重叠的问题，如图4-25所示。

❺ 如果希望视频中没有文字，但依然有"小姐姐"音色的语音，可以通过以下两种方法实现。

方法一：在生成语音后，将相应的文本轨道删掉即可。

方法二：在生成语音后，选中文本轨道，点击"样式"，并将"透明度"设置为0，如图4-26所示。

图4-25

图4-26

4.5 文字烟雾效果案例教学

如果一段视频中的文字效果做得很惊艳，同样能够第一时间吸引住观众。在文字烟雾效果这个案例中，就是以文字为主要看点，配合背景音乐和歌词，营造出浓厚的古韵。

该案例主要通过"动画"功能实现文字逐个出现的效果，再利用"画中画"和"混合模式"功能合成烟雾素材进行制作。

步骤一：确定每句歌词开始与结束的时间点

为了实现文字随歌词出现的效果，首先要确定每句歌词出现的位置。具体方法如下所述。

❶ 本案例的图片素材最好选择较为静谧，并具有意境感的画面，而且要有足够的留白来显示文字。将符合要求的图片导入剪映，如图4-27所示。

❷ 将画面比例设置为9:16，并选择"画布模糊"，如图4-28所示。这步是为了让画面更适合竖屏观看。

❸ 点击界面下方"音频"选项，并选择"音乐"。本案例使用的音乐为《闲庭絮》，直接搜索，并点击右侧的"使用"即可，如图4-29所示。

| 图4-27 | 图4-28 | 图4-29 |

❹ 试听音乐，将时间轴移动至所需部分的结尾处并点击"分割"，然后选中后半段不需要的部分并删除，如图4-30所示。

❺ 选中图片素材，拉动右侧白框使其比音频轨道长一点，如图4-31所示。这样操作可以防止视频在结尾处出现黑屏。

❻ 选中音频轨道，点击界面下方的"踩点"选项，然后在每一句歌词的开始和结束位置分别打上节拍点，如图4-32所示。

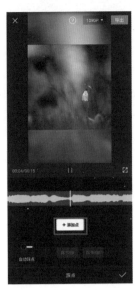

图 4-30   图 4-31   图 4-32

步骤二：添加文字并设置动画

接下来将为画面添加文字并制作文字随歌词逐个出现的效果。具体方法如下所述。

❶ 依次点击界面下方"文字"和"新建文本"选项，如图4-33所示。

❷ 输入第一句歌词"闲时立黄昏"，并将该文本轨道的起点与该句歌词出现的节拍点对齐，如图4-34所示。

❸ 然后将该文本轨道的末尾与该句歌词结束时的节拍点对齐，如图4-35所示。

图 4-33   图 4-34   图 4-35

❹ 选中文本轨道，点击界面下方的"样式"选项，设置字体为"毛笔体"。再点击界面下方的"排列"选项，选择"竖排"图标，让文字竖排，如图4-36所示。

❺ 拖动文字至画面中合适的位置，如图4-37所示。

❻ 选中文本轨道，点击界面下方"动画"选项，如图4-38所示。

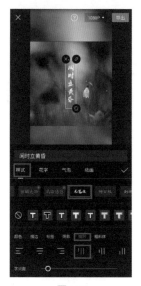

图4-36

图4-37

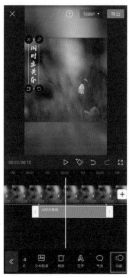

图4-38

❼ 选择"入场动画"分类下的"打字机Ⅱ"效果，并将下方的"动画时长"滑动条拉动到最右侧，从而实现文字随歌词出现的效果，如图4-39所示。

❽ 选中文本轨道，拉动其右侧白框至整个视频的结尾处，如图4-40所示，从而让第一句歌词随音乐出现后，就始终停留在画面上。

那为什么不在确定文本轨道结尾的时候就直接拉动到与视频结尾对齐的位置呢？原因在于，如果直接拉动到结尾，那么在确定这段文字"动画时长"时，就需要反复试听以实现"歌词结束，动画就结束"的效果，需要一定时间进行调整。而如果先让文本轨道与相应的节拍点对齐，则可以直接将动画时长拉到最右侧，在一定程度上提高了效率。

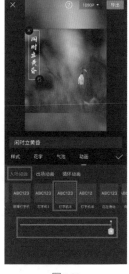

图4-39

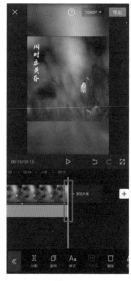

图4-40

步骤三：添加烟雾效果

　　最后需要做的是为文字添加烟雾效果，增加画面表现力。具体方法如下所述。

　　❶ 不要选中任何轨道，依次点击界面下方的"画中画"和"新增画中画"选项，添加烟雾素材，如图 4-41 所示。

　　❷ 选中添加的烟雾素材，点击界面下方的"混合模式"选项，如图 4-42 所示。

　　❸ 将"混合模式"设置为"滤色"，烟雾素材的黑色背景就消失了，如图 4-43 所示。

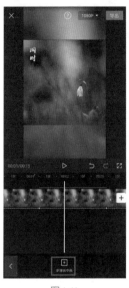
图 4-41

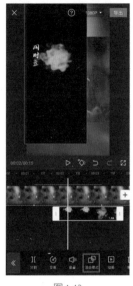
图 4-42

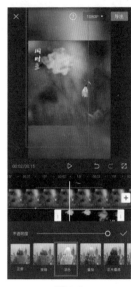
图 4-43

　　❹ 调整烟雾的位置和大小，使其与文字相匹配，并将其轨道的起始位置与文字出现时的节拍点对齐，如图 4-44 所示。

　　❺ 由于该烟雾素材的变化速度有些快，与视频舒缓的节奏不匹配，所以选中该烟雾素材，依次点击界面下方的"变速"和"常规变速"选项，将速度降低至"0.6x"，如图 4-45 所示。

图 4-44

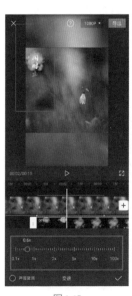
图 4-45

❻ 由于烟雾的效果不能覆盖整句歌词，所以需要添加关键帧，让烟雾素材能随文字出现向下移动。选中烟雾素材，将时间轴移动至开头的位置，点击"⬧"图标添加关键帧，如图4-46所示。

❼ 将时间轴移动到烟雾素材末尾处，再添加一个关键帧。然后适当向下移动烟雾效果，使其覆盖最下端的文字，如图4-47所示。

❽ 至此，第一句歌词的烟雾文字效果就制作完成了。本案例还有三句歌词，其制作方法与上文所述的第一句歌词制作方法完全相同，各位继续将剩下三句的效果做完即可。最终排版画面如图4-48所示。

图 4-46

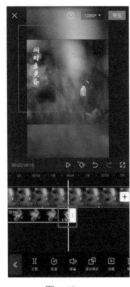
图 4-47

图 4-48

小提示： 在制作过程中，并没有将烟雾素材轨道与相应的节拍点对齐，而是要稍微长一些。这样操作的原因在于，如果最后一个文字出现烟雾就立刻消失，会让画面显得比较生硬；而让文字全部出现后依然有一些烟雾在画面中，则会感觉更柔和一些，但要确保该烟雾要在下一句歌词的烟雾出现前消失。

第5章

用好配乐功能让视频更有节奏与韵律

5.1 为视频添加音乐的必要性

如果没有音乐，只有动态的画面，视频就会给人一种"干巴巴"的感觉。所以，为视频添加背景音乐是很多视频后期的必要操作。

利用音乐表现画面蕴含的情感

有的视频画面很平静、淡然，有的视频画面则很紧张、刺激。为了能够让视频的情绪更强烈，让观众更容易被视频的情绪所感染，音乐可以起到至关重要的作用。

在剪映中有多种不同分类的音乐，比如"舒缓""轻快""可爱""伤感"等，即根据"情绪"进行分类，从而让各位可以根据视频的情绪，快速找到合适的背景音乐，如图5-1所示。

音乐节奏是剪辑节奏的重要参考

剪辑的一个重要作用就是控制不同画面出现的节奏。而音乐同样有节奏，当每一个画面转换的时间点均为音乐的节拍点，并且转换频率较快时，就是所谓的"音乐卡点"视频。

这里需要强调的是，即便不是为了特意制作"音乐卡点"效果，在画面转换时如果可以与音乐节拍匹配，也会让视频的节奏感更好。

图5-1

5.2 添加音乐及提取音乐的操作方法

选择剪映官方提供的音乐并添加

使用剪映为视频添加音乐的方法非常简单，只需以下3步即可。

❶ 在不选中任何视频轨道的情况下，点击界面下方的"音频"选项，如图5-3所示。

❷ 然后点击界面下方的"音乐"选项，如图5-4所示。

❸ 接下来可以在界面上方，从各个分类中选择希望使用的音乐，或者在搜索栏输入某音乐名称，也可以在界面下方，从"推荐音乐"和"我的收藏"中选择音乐。点击音乐右侧的"使用"即可将其添加至音频轨道；点击☆图标，即可将其添加到"我的收藏"分类下，如图5-5所示。

小提示: 在添加背景音乐时，也可以点击视频轨道下方的"添加音频"选项，这与点击"音频"选项的作用是相同的，如图5-2所示。

图5-2

图 5-3

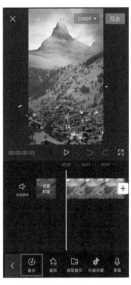

图 5-4

图 5-5

不知道名字的音乐也能添加至剪映

如果在一些视频中听到了自己喜欢的背景音乐，但又不知道乐曲的名字，就可以通过"提取音乐"功能将其添加到自己的视频中。具体方法如下所述。

❶ 首先要准备好具有该背景音乐的视频。然后依次点击界面下方的"音频"和"提取音乐"选项，如图 5-6 所示。

❷ 选中已经准备好的、具有好听背景音乐的视频，并点击"仅导入视频的声音"，如图 5-7 所示。

❸ 提取出的音乐即会在时间线的音频轨道上出现，如图 5-8 所示。

图 5-6

图 5-7

图 5-8

5.3 在视频中秀出你的好声音

在视频中除了添加音乐外，有时也需要加入一些语音来辅助表达。剪映不但具备配音功能，还可以对语音进行变声，从而制作出更有趣的视频。具体方法如下所述。

❶ 如果在前期录制视频时录下了一些杂音，那么在配音之前，需要先将原视频声音关闭，否则会影响配音效果。选中这段待配音的视频后，点击界面下方"音量"，并将其调整为0，如图5-9所示。

❷ 点击界面下方的"音频"选项，并选择"录音"功能，如图5-10所示。

❸ 按住界面下方的红色按钮，即可开始录音，如图5-11所示。

图 5-9

图 5-10

图 5-11

❹ 松开红色按钮，即完成录音，其音轨如图5-12所示。

❺ 选中录制的音频轨道，点击界面下方的"变声"选项，如图5-13所示。

❻ 选择喜欢的变声效果即可完成变声，如图5-14所示。

图 5-12

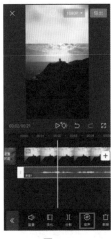
图 5-13

图 5-14

5.4 音效虽短，却能起到关键作用

当出现与画面内容相符的音效时，会大大增加视频的代入感，让观众更有沉浸感。剪映中自带的"音效库"也非常丰富，下面具体介绍音效的添加方法。

❶ 依次点击界面下方的"音频"和"音效"选项，如图5-15所示。

❷ 点击界面中不同音效分类，比如"综艺""笑声""机械"等，即可选择该分类下的音效。点击音效右侧"使用"，即可将其添加至音频轨道，如图5-16所示。

❸ 或者直接搜索希望使用的音效，比如"电流"，与其相关的音效就都会显示在画面下方。从中找到合适的音效，点击右侧的"使用"即可，如图5-17所示。

图 5-15

图 5-16

图 5-17

❹ 本例中的画面只需要短暂的电流声来模拟老式胶片电影中的杂音，所以选中音效轨道后，拉动白框将其缩短，如图5-18所示。

❺ 由于老式胶片电影的杂音是无规律且偶尔出现的，所以需要选中该音效轨道，并点击界面下方的"复制"选项，为片段的其他位置也添加些"电流"音效，如图5-19所示。

图 5-18

图 5-19

5.5 对视频中的不同声音进行个性化调整

选中音轨进行音量调节

为一段视频添加了背景音乐、音效或者配音后，在时间线中就会出现多条音频轨道。为了让不同的音频更有层次感，就需要单独调节其音量。具体方法如下所述。

❶ 选中需要调节音量大小的轨道，此处选择的是背景音乐轨道，并点击界面下方的"音量"选项，如图5-20所示。

❷ 滑动"音量条"，即可设置所选音频的音量。默认音量为"100"，此处适当降低背景音乐的音量，将其调整为"51"，如图5-21所示。

❸ 接下来选择音效轨道，并点击界面下方的"音量"选项，如图5-22所示。

图5-20

图5-21

图5-22

❹ 适当增加"音效"的音量，此处将其调节为"128"，如图5-23所示。

通过此种方法，即可实现单独调整各音轨音量，并让声音具有明显层次。

❺ 需要强调的是，不但每个音频轨道可以单独调整音量大小，如果视频素材本身就有声音，那么在选中视频素材后，同样可以点击界面下方的"音量"选项调节视频素材声音的大小，如图5-24所示。

图5-23

图5-24

利用"淡入"与"淡出"功能让视频的开始与结束更自然

"音量"的调整只能整体提高或降低音频声音大小，无法形成由弱到强或者由强到弱的变化。如果想实现音量的渐变，可以为其设置"淡入"和"淡出"。

❶ 选中一段音频，点击界面下方的"淡化"选项，如图5-25所示。

❷ 通过移动"淡入"和"淡出"滑动条，即可调节音量渐变的持续时间，如图5-26所示。

绝大多数情况下，都是为背景音乐添加"淡入"与"淡出"效果，从而让视频的开始与结束均有一个自然的过渡。

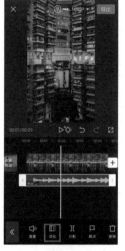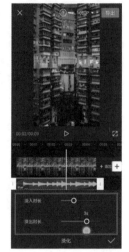

图5-25　　　　　　　　　　图5-26

> **小提示：** 除了通过"淡入"与"淡出"营造音量渐变效果之外，也可以通过为音频轨道打关键帧的方式，来更灵活地调整音量渐变效果。

5.6　制作卡点音乐视频——抽帧卡点效果

本案例效果分为两部分，前半部分是抽帧卡点效果，后半部分是普通音乐卡点效果，抽帧卡点效果是卡点音乐视频的一种表现形式。下面将通过实操案例，向各位讲解卡点音乐视频的制作方法。

抽帧卡点相比普通音乐卡点的难度会大一点，操作会复杂一点，所以掌握了该效果的制作方法之后，再去制作普通音乐卡点视频自然不在话下。

步骤一：提取所需音乐并添加节拍点

音乐卡点视频最重要的就是确定合适的背景音乐，并为其添加节拍点。具体方法如下所述。

❶ 打开剪映，导入准备好的视频素材，如图5-27所示。如果想实现效果出众的抽帧卡点效果，建议选择采用推镜或者拉镜手法拍摄的视频素材。

❷ 本案例中的背景音乐并不是直接从剪映的"音乐库"中选择的，而是使用其他视频中的音乐，因此需要先将其他视频的音乐"提取"出来，进而再单独对音频轨道进行编辑。依次点击界面下方的"音频"和"提取音乐"选项，如图5-28所示。

❸ 选择需要被提取音乐的视频，并点击界面下方的"仅导入视频的声音"，如图5-29所示。

❹ 选中提取出的音频轨道后，点击界面下方的"踩点"选项，如图5-30所示。

图 5-27

图 5-28

图 5-29

❺ 提取的音乐是无法使用自动踩点功能的，因此，只能通过试听，并在每一个节拍点处点击界面下方的"添加点"选项进行踩点，如图5-31所示。

❻ 如果在错误的位置添加了节拍点，可以将时间轴移动到该节拍点处，此时，原本是"添加点"的选项即变为"删除点"，点击该选项将节拍点删除即可，如图5-32所示。

图 5-30

图 5-31

图 5-32

小提示：添加节拍点时也可以根据音频轨道来判断哪里是节拍点。如果在轨道中突然有一个凸起，那么该处往往就是节拍点的位置。如图5-33所示的音频轨道，凸起就非常明显，所以用这个方法可以更快地完成节拍点添加工作。但某些音频轨道没有明显的起伏，这个方法就不太好用。

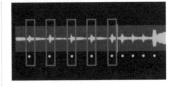
图 5-33

步骤二：实现抽帧卡点效果

有了节拍点，就可以根据节拍点制作抽帧卡点效果了。所谓抽帧，其实就是将视频中的一部分画面删除。当删除掉推镜或者拉镜视频中的一部分画面时，就会形成景物突然放大或缩小的效果。当这种效果随着音乐的节拍出现，就是抽帧卡点效果了。具体操作方法如下所述。

❶ 确定背景音乐的前半部分（也就是要制作抽帧卡点效果的部分）节拍点的数量。本案例为8个节拍点，时长在4秒左右，如图5-34所示。

❷ 将时间轴移动到视频素材末端，确定其总时长。本案例素材总时长为67秒左右，如图5-35所示。

❸ 在进行抽帧，也就是删除部分视频片段的过程中，删除得越多，抽帧效果就越明显。所以需要计算好，67秒时长的视频，在抽帧8次后（因为有8个节拍点），每次删除多长时间的片段，能既满足4秒的时长，又能尽可能多地删除片段。

如果要精确计算的话，需要列一个方程，但显然没有必要，只需要简单口算一下即可。如果每个节拍点删除8秒的片段，就需要删除8×8=64秒，只剩67－64=3秒，显然不满足需要4秒时长的需求。

所以最终确定为每个节拍点删除7秒，这样需要删除7×8=56秒，剩余67－56=11秒，显然满足4秒时长要求。

❹ 接下来进行"抽帧"操作。选中视频片段，将时间轴移动至第一个节拍点，点击界面下方的"分割"选项，如图5-36所示。

图 5-34

图 5-35

图 5-36

❺ 从图5-36中看到时间刻度为0.5秒左右，并且由于需要删除7秒的视频片段，所以将时间轴移动到7.5秒附近，并点击界面下方的"分割"选项，如图5-37所示。时间轴的具体位置不用太准确，大概即可。

❻ 选中分割下来的时长7秒左右的视频片段，并点击界面下方的"删除"选项，如图5-38所示。至此，第一个节拍点的抽帧操作就做完了。

❼ 接下来，将之后的7个节拍点，均按上文所述方法进行处理，就形成了每到一个节拍点，画面就突然放大一点的效果。素材的结尾与第9个节拍点对齐即可，如图5-39所示。

图 5-37 　　　　　　　　　　　 图 5-38 　　　　　　　　　　　 图 5-39

步骤三：制作后半段音乐卡点效果

　　前半段的抽帧卡点效果制作完成后，接下来制作后半段相对常规的音乐卡点效果。具体方法如下所述。

❶ 将素材导入剪映，并从节拍点处分割视频，将后半段删除，如图 5-40 所示。

❷ 选中剩下的视频片段，将时间轴移动到其末尾，点击界面下方的"定格"选项，如图 5-41 所示。

❸ 选中被定格的静态画面，将其结尾对齐下一个节拍点，如图 5-42 所示。

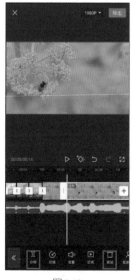
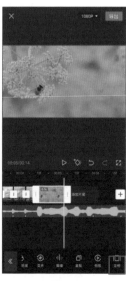
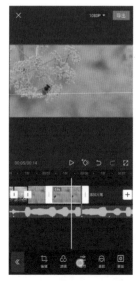

图 5-40 　　　　　　　　　　　 图 5-41 　　　　　　　　　　　 图 5-42

❹ 随后点击界面下方的"滤镜",为其添加"精选"分类下的"1980"滤镜效果,如图5-43所示。

❺ 至此,就形成了在抽帧卡点效果后,伴随着音乐节拍出现新的画面,并且在节拍处会有定格画面的效果。接下来的5个视频片段,均按上述方法进行处理。

为了让画面更具动感,可以为所有定格画面添加动画。建议选择比较短暂且有爆发力的动画效果,比如"入场动画"分类下的"轻微抖动 Ⅲ",如图5-44所示。

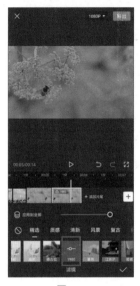
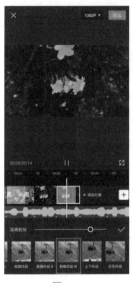

图 5-43　　　　　　　　　　　图 5-44

第6章

"剪" 出更多精彩的必会功能

6.1 视频剪辑中最常用的功能之一——分割

认识"分割"功能

再厉害的摄像师也无法保证录下来的每一帧都能在最终视频中出现。当需要将视频中的某部分删除时，就需要使用"分割"功能。

如果想调整一整段视频的播放顺序，同样需要"分割"功能，将其分割成多个片段，从而对播放顺序进行重新组合，这种视频的剪接方法被称为蒙太奇。

通过"分割"功能保留画面精彩部分

在导入一段素材后，往往需要截取出其中需要的部分。当然，通过选中视频片段，然后拉动"白框"同样可以实现截取片段的目的，但在实际操作过程中，该方法的精确度不是很高。因此，如果需要精确截取片段，笔者推荐使用"分割"功能进行操作。

❶ 将时间刻度拉长，以便于精确定位精彩片段的起始位置。确定起始位置后，点击界面下方的"剪辑"选项，如图6-1所示。

❷ 点击界面下方的"分割"选项，如图6-2所示。

❸ 此时会发现在所选位置出现黑色实线以及 $\boxed{\text{I}}$ 图标，即证明在此处分割了视频，如图6-3所示。将时间轴拖动至精彩片段的结尾处，以同样方法对视频进行分割。

图6-1

图6-2

图6-3

❹ 将时间刻度缩短，即可发现在两次分割后，原本只有一段的视频变为了三段，如图6-4所示。

❺ 分别选中前后两段视频，点击界面下方的"删除"选项，如图6-5所示。

❻ 当前后两段视频被删除后，就只剩下需要保留下来的那段精彩画面了。点击界面右上角的"导出"即可保存视频，如图6-6所示。

图6-4

图6-5

图6-6

小提示： 一段原本5秒的视频被分割截取成2秒后，选中该段2秒的视频，并拉动其"白框"，依然能够将其恢复为5秒的视频。因此，不要认为分割并删除无用的部分后，那部分会彻底"消失"。之所以提示各位此点，是因为在操作中如果不小心拉动了被分割视频的白框，那么被删除的部分就会重新出现。一旦没有及时发现，很有可能会影响接下来的一系列操作。

6.2　视频画面也可以进行"二次构图"

认识"编辑"功能

如果前期拍摄的画面歪斜或者构图存在问题，那么可以通过"编辑"功能中的"旋转""镜像""裁剪"在一定程度上进行弥补。需要注意的是，除"镜像"功能外，另外两种功能都会或多或少降低画面像素。

"编辑"功能的使用方法

❶ 选中一个视频片段后，即可在界面下方找到"编辑"选项，如图6-7所示。

❷ 点击"编辑"选项，会看到有三种操作可供选择，分别为"旋转""镜像"和"裁剪"，如图6-8所示。

❸ 点击"裁剪"后，即进入如图6-9所示的裁剪界面。通过调整白色裁剪框的大小，以及移动被裁剪的画面，即可确定裁剪位置。

需要注意的是，一旦选定裁剪范围，整段视频画面均会被裁剪，并且在裁剪界面显示的画面只能是该段视频的第一帧。因此，如果需要对一个片段中画面变化较大的部分进行裁剪，建议先将该部分截取出来，然后单独导出，再打开剪映导入该视频进行裁剪。这样才能更准确地裁剪出自己喜欢的画面。

❹ 点击该界面下方的各比例选项，即可固定裁剪框比例，如图6-10所示。

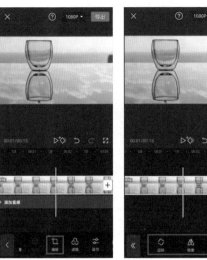
图6-7

图6-8

图6-9

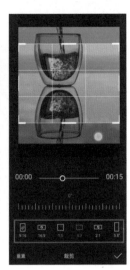
图6-10

❺ 调节界面下方的"标尺"，即可对画面进行"旋转"，如图6-11所示。对于一些拍摄歪斜的素材，可以通过该功能进行校正。

❻ 若在图6-8中选择"镜像"，视频画面则会翻转，与原画面形成镜像，如图6-12所示。

❼ 若在图6-8中选择"旋转"，则根据点击的次数，会分别旋转90°、180°、270°，也就是只能以90°调整画面的方向，如图6-13所示。此处的"旋转"与上文所说的可以精细调节画面水平的"旋转"是两个功能。

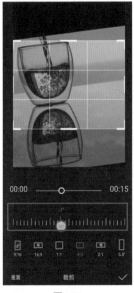
图6-11

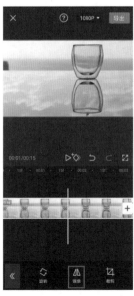
图6-12

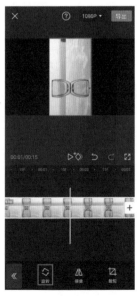
图6-13

6.3 可以让视频忽快忽慢的"变速"功能

认识"变速"功能

当录制运动中的景物时，如果运动速度过快，那么通过肉眼是无法清楚观察到每一个细节的。此时，可以使用"变速"功能来降低画面中景物的运动速度，形成慢动作效果，从而令每一个瞬间都清晰呈现。

而对于一些变化太过缓慢或者比较单调、乏味的画面，也可以通过"变速"功能适当提高速度，形成快动作效果，从而减少这些画面的播放时间，让视频更生动。

另外，通过曲线变速功能，可以让画面的快与慢形成一定的节奏感，大大提高观看体验。

利用"变速"功能让画面快慢结合

❶ 将视频导入剪映后，点击界面下方的"剪辑"选项，如图6-14所示。

❷ 点击界面下方的"变速"选项，如图6-15所示。

❸ 剪映提供两种变速方式："常规变速"也就是对所选的视频统一调速；"曲线变速"则可以有针对性地对一段视频中的不同部分进行加速或者减速处理，而且加减速的幅度可以自行调节，如图6-16所示。

图6-14

图6-15

图6-16

❹ 当选择了"常规变速"选项后，可以通过滑动条控制加速或者减速的幅度。1x为原始速度，0.5x为1/2倍慢动作，0.2x为1/5倍慢动作，以此类推，即可确定慢动作的倍数，如图6-17所示。

❺ 而2x为2倍快动作，剪映最高可以实现100倍快动作，如图6-18所示。

❻ 当选择了"曲线变速"选项后，则可以直接使用预设为视频中的不同部分添加慢动作或者快动

作效果。大多数情况下，都需要使用"自定"选项，根据视频进行手动设置，如图6-19所示。

图6-17　　　　　　　　　　图6-18　　　　　　　　　　图6-19

❼ 点击"自定"选项后，该图标变为红色，再次点击即可进入编辑界面，如图6-20所示。

❽ 由于需要根据视频自行确定锚点位置，所以并不需要预设锚点。选中预设的锚点后，点击"删除点"，将其删除，如图6-21所示。

❾ 删除后的界面如图6-22所示。

图6-20　　　　　　　　　　图6-21　　　　　　　　　　图6-22

> **小提示：** 曲线上的锚点除了可以上下拉动，也可以左右拉动，所以不删除锚点，通过拖动已有锚点调节至目标位置也是可以的。但在制作较复杂的曲线变速时，预设锚点较多可能会扰乱调节思路，导致忘记个别锚点的作用。所以笔者建议在制作曲线变速前删除预设锚点。

⑩ 移动时间轴，将其定格在希望慢动作画面开始的位置，点击"添加点"，并向下拖动锚点，如图6-23所示。

⑪ 再将时间轴定位到希望慢动作画面结束的位置，点击"添加点"，同样向下拖动锚点，从而形成一段持续性的慢动作画面，如图6-24所示。

⑫ 按照这个思路，在需要实现快动作效果的区域也添加两个锚点，并向上拖动，从而形成一段持续性的快动作画面，如图6-25所示。

⑬ 如果不需要形成持续性的快、慢动作画面，而是让画面在快动作与慢动作之间不断变化，则可以让锚点在高位和低位交替出现，如图6-26所示。

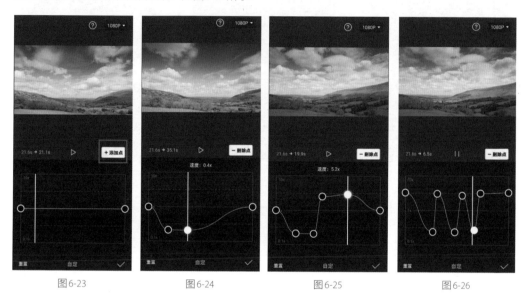

图6-23　　　　　　　　图6-24　　　　　　　　图6-25　　　　　　　　图6-26

6.4　让视频动静结合的"定格"功能

认识"定格"功能

"定格"功能可以将一段动态视频中的某个画面凝固下来，从而起到突出某个瞬间的效果。另外，如果一段视频中多次出现定格画面，并且其时间点与音乐节拍匹配，就可以让视频具有律动感。

利用"定格"功能突显精彩瞬间

❶ 移动时间轴，选择希望进行定格的画面，如图6-27所示。

❷ 保持时间轴位置不变，选中该视频片段，此时即可在工具栏中找到"定格"选项，如图6-28所示。

❸ 点击"定格"选项后，在时间轴的右侧会出现一段时长为3秒的静态画面，如图6-29所示。

图6-27

图6-28

图6-29

❹ 定格出来的静态画面可以随意拉长或者缩短。为了避免静态画面时间过长导致视频乏味，所以此处将其缩短至1.1秒，如图6-30所示。

❺ 按照相同的方法，可以为一段视频中任意一个画面做定格处理，并调整其持续时长。

❻ 为了让定格后的静态画面更具观赏性，笔者在这里为其增加了"RGB描边"特效，如图6-31所示。记住要将特效的时长与定格画面一致，从而突显视频节奏的变化。

图6-30

图6-31

6.5 活用"倒放"功能制作风靡一时的"鬼畜"效果

认识"倒放"功能

顾名思义，所谓"倒放"功能就是可以让视频从后往前播放。当视频记录的是一些随时间发生变化的画面时，比如花开花落、日出日暮等，应用此功能可以营造出一种时光倒流的视觉效果。

此种应用方式非常常见，而且操作简单，笔者在此通过非常流行的"鬼畜"效果的制作，来向各位讲解"倒放"功能的使用方法。

"鬼畜"效果制作方法

❶ 使用"分割"工具，截取视频中的一个完整动作。此处截取的是画面中人物回头向后看的动作，如图6-32所示。

❷ 选中截取后的素材，连续两次点击界面下方的"复制"选项，从而使视频轨道上出现3个视频片段，如图6-33所示。

❸ 选中位于中间的视频片段，点击界面下方的"倒放"选项，从而营造出人物回头向后看，转头向前，再转回头的效果，如图6-34所示。

❹ 选中第1段视频片段，依次点击界面下方的"变速"和"常规变速"选项，并将速度调整为3.0x，如图6-35所示。对第2段和第3段视频片段重复该操作。

图6-32   图6-33   图6-34

图6-35

小提示： 在本案例中，也可以选中第1段和第3段视频素材进行倒放。因为只要满足三段同一动作视频中，中间那段与其他两段播放顺序相反即可。

6.6 作用有限的"防抖"和"降噪"功能

认识"防抖"和"降噪"功能

在使用手机录制视频时，很容易在运镜过程中出现画面晃动的问题。剪映中的"防抖"功能，可以明显减弱晃动幅度，让画面看起来更加平稳。

至于"降噪"功能，则可以降低户外拍摄视频时产生的噪声。如果在安静的室内拍摄，视频本身几乎没有噪声时，"降噪"功能还可以明显提高人声的音量。

利用"防抖"和"降噪"功能提高视频质量

❶ 选中一段视频素材，点击界面下方的"防抖"选项，如图6-36所示。

❷ 在弹出的菜单中选择"防抖"的程度，一般设置为"推荐"即可，如图6-37所示。此时即完成视频防抖操作。

❸ 在选中视频片段的情况下，点击界面下方的"降噪"选项，如图6-38所示。

❹ 将界面右下角的"降噪开关"打开，即完成降噪，如图6-39所示。

图6-36　　　　图6-37

图6-38

图6-39

> **小提示：** 无论是"防抖"功能还是"降噪"功能，其作用都是相对有限的。如果想获得高品质的视频，依然需要尽量在前期就拍摄出相对平稳并且低噪声的画面，比如拍摄时使用稳定器和降噪麦克风。

6.7 往往同时使用的"画中画"和"蒙版"功能

认识"画中画"和"蒙版"功能

通过"画中画"功能可以让一个视频画面中出现多个不同的画面，这是该功能最直接的利用方式。但"画中画"功能更重要的作用在于可以形成多条视频轨道，利用多条视频轨道，再结合"蒙版"功能，就可以控制画面局部的显示效果。所以，"画中画"与"蒙版"功能往往是同时使用的。

利用"画中画"功能让多段素材在一个画面中出现

❶ 首先为剪映添加一个视频素材，如图6-40所示。

❷ 将画面比例设置为9:16，然后点击界面下方的"画中画"选项（此时不要选中任何视频片段），继续点击"新增画中画"，如图6-41所示。

❸ 选中要添加的素材后，即可调整画中画在视频中的显示位置和大小，并且界面下方也会出现画中画轨道，如图6-42所示。

❹ 当不再选中画中画轨道后，即可再次点击界面下方的"新增画中画"选项添加画面。结合"编辑"功能，还可以对该画面进行排版，如图6-43所示。

图6-40

图6-41

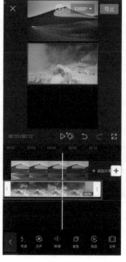

图6-42

图6-43

同时使用"画中画"和"蒙版"功能控制显示区域

当画中画轨道中的各轨道画面均不重叠的时候,所有画面就都能完整显示。可一旦出现重叠,有些画面就会被遮挡。利用"蒙版"功能,就可以选择哪些区域被遮挡,哪些区域不被遮挡。

❶ 如果时间轴穿过多个画中画轨道层,画面就有可能产生遮挡,部分视频素材的画面会无法显示,如图6-44所示。

❷ 在剪映中有层级的概念,其中主视频轨道为0级,每多一条画中画轨道就会多一个层级。在当前案例中,有两条画中画轨道,所以分别为1级和2级。它们之间的覆盖关系是层级数值大的轨道覆盖层级数值小的轨道。也就是1级覆盖0级,2级覆盖1级,以此类推。此时,选中一条画中画视频轨道,点击界面下方的"层级"选项,即可设置该轨道的层级,如图6-45所示。

❸ 剪映默认处于下方的视频轨道会覆盖处于上方的视频轨道。但由于画中画轨道可以设置层级,所以如果选中位于中间的画中画轨道,并将其层级从1级改为2级(针对此案例),那么中间轨道的画面则会同时覆盖主视频轨道与最下方视频轨道的画面,如图6-46所示。

图6-44

图6-45

图6-46

❹ 为了让各位更容易理解蒙版的作用,所以先将"层级"恢复为默认状态,并只保留一层画中画轨道。选中该画中画轨道,并点击界面下方的"蒙版"选项,如图6-47所示。

❺ 选中一种蒙版样式,所选视频轨道画面将会出现部分显现的情况,而其余部分则会显示原本被覆盖的画面,如图6-48所示。通过这种方式,就可以有选择地调整画面中显示的内容。

❻ 若希望将主视频轨道的其中一段视频素材切换到画中画轨道,可以在选中该段素材后,点击界面下方的"切画中画"选项。但有时该选项是灰色的,无法选择,如图6-49所示。

❼ 此时,不要选中任何素材片段,点击"画中画"选项,在显示如图6-50所示的界面时,再选中希望切画中画的素材,就可以选择"切画中画"功能了。

図6-47   図6-48   图6-49   图6-50

6.8 让抠图更简单的两个功能——"智能抠像"和"色度抠图"

认识"智能抠像"和"色度抠图"功能

"智能抠像"功能可以快速将人物从画面中抠出来，从而进行替换人物背景等操作。"色度抠图"功能可以将在绿幕或者蓝幕下的景物快速抠取出来，方便进行视频图像的合成。

利用"智能抠像"一键抠人

❶"智能抠像"功能的使用方法非常简单，只需要选中画面中有人物的视频，然后点击界面下方"智能抠像"功能即可。为了让各位能够看到抠图的效果，所以此处先定格一个有人物的画面，如图6-51所示。

图6-51

❷ 将定格后的画面切换到画中画轨道，如图6-52所示。

❸ 选中画中画轨道，点击界面下方的"智能抠像"选项，此时即可看到被抠出的人物，如图6-53所示。

小提示： "智能抠像"功能并非总能像案例中展示的，近乎完美地抠出画面中的人物。如果希望提高"智能抠像"功能的准确度，建议选择人物与背景具有明显的明暗或者色彩差异的画面，有利于令人物的轮廓清晰、完整。

图6-52　　　　　　　　图6-53

利用"色度抠图"一键抠图并合成

❶ 先导入一段视频素材，然后点击界面下方的"画中画"选项，导入绿幕素材，如图6-54所示。

❷ 将绿幕素材充满整个画面后，点击界面下方的"色度抠图"选项，如图6-55所示。

❸ 将"取色器"中间很小的白框置于绿色区域，如图6-56所示。

❹ 选择"强度"选项，并向右拉动滑动条，即可将绿色区域抠掉，如图6-57所示。

图6-54　　　　　　图6-55　　　　　　图6-56　　　　　　图6-57

❺ 对于某些绿幕素材，即便将"强度"滑动条拉动到最右侧，依旧无法将绿色完全抠掉。此时，可以先小幅度提高强度数值，如图6-58所示。

❻ 将绿幕素材放大，再次选择"色度抠图"选项，仔细将"取色器"位置调整到残留的绿色区域，如图6-59所示。

❼ 再次点击"强度"选项，并向右拉动滑动条，就可以更好地抠除绿色区域，如图6-60所示。

❽ 点击"阴影"选项，适当提高该数值，可以让抠图的边缘更平滑，如图6-61所示。

图6-58

图6-59

图6-60

图6-61

❾ 将放大的绿幕素材缩小至刚好填充至整个屏幕，然后点击右上角的"导出"选项，如图6-62所示。

❿ 导入另一段视频素材，并将刚刚导出的、还带有蓝色区域的素材导入画中画轨道。再次利用"色度抠图"功能，将蓝色区域抠掉，即完成最终效果的制作，如图6-63所示。

图6-62

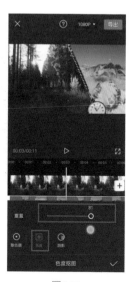
图6-63

6.9　可以让静态画面动起来的关键帧

认识关键帧

如果在一条轨道上打了两个关键帧，并且在后一个关键帧处改变了显示效果，比如放大或缩小画面，移动贴纸或蒙版位置，修改滤镜参数等，那么在播放两个关键帧之间的轨道时，则会出现第一个关键帧所在位置的效果逐渐转变为第二个关键帧所在位置的效果。

通过这个功能，可以让一些原本不会移动的、非动态的元素在画面中动起来，还可以让一些后期增加的效果随时间渐变。

利用关键帧模拟移动的鼠标指针

❶ 为画面添加一个播放类图标贴纸，再添加一个鼠标指针贴纸，如图 6-64 所示。

❷ 通过"关键帧"功能让原本不会移动的鼠标指针贴纸动起来，形成从画面一角移动到播放图标的效果。

将鼠标指针贴纸移动到画面的右下角，再将时间轴移动至该贴纸轨道最左端，点击界面中的 ◇ 图标，添加一个关键帧，如图 6-65 所示。

❸ 将时间轴移动到鼠标指针贴纸轨道的最右侧，然后移动贴纸位置至播放图标处，此时剪映会自动在时间轴所在位置再打上一个关键帧，如图 6-66 所示。

至此，就实现了鼠标指针逐渐从角落移动至播放图标的效果。

图6-64

图6-65

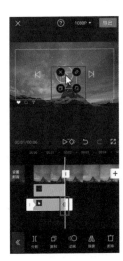
图6-66

> **小提示：** 除了案例中的移动贴纸之外，关键帧还有非常多的应用方式。比如，关键帧结合滤镜，可以实现渐变色的效果；关键帧结合蒙版，可以实现蒙版层逐渐移动的效果；关键帧结合视频画面的放大与缩小，可以实现拉镜、推镜的效果；关键帧甚至还能够与音频轨道结合，实现任意阶段音量的渐变效果等。总之，关键帧是剪映中非常实用的工具，充分挖掘可以实现很多创意效果。

6.10　那些在剪映专业版中不太一样的功能

正如上文所说，学会了剪映手机版，就可以很快上手剪映专业版。一些在剪映手机版能做出的效果，用剪映专业版同样可以实现，并且得益于剪映专业版更大的界面，操作起来可以更顺畅。

但有些功能，在操作更顺畅的同时，其方法与剪映手机版也有一定的区别。所以这一节，就向各位介绍部分功能使用方法的不同之处，以便能更好地使用剪映专业版。

看不到的"画中画"功能

在剪映手机版中，如果想在时间线中添加多个视频轨道，需要利用"画中画"功能导入素材。但在剪映专业版中，却找不到"画中画"这个选项。难道这意味着剪映专业版不能进行多视频轨道处理吗？

在上文已经提到，由于剪映专业版的处理界面更大，所以各轨道均可完整显示在时间线中。因此，无需使用"画中画"功能，直接将一段视频素材，拖动到主视频轨道的上方，即可实现多轨道（即手机版剪映"画中画"功能的效果），如图6-67所示。

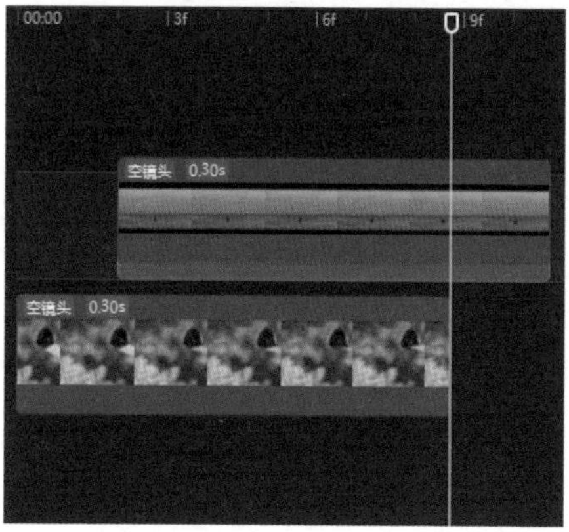

而主轨道上方的任意视频轨道均可随时再拖动回主轨道。所以在剪映专业版中，也不存在"切画中画轨道"和"切主轨道"这两个选项。

图6-67

利用"层级"灵活调整视频覆盖关系

将视频素材移动到主轨道上方时，该视频素材的画面就会覆盖主轨道的画面。这是因为在剪映中，主轨道的"层级"默认为0级，而主轨道上方第一层的视频轨道默认为1级。"层级"大的视频轨道会覆盖层级小的视频轨道。主轨道的层级是不能更改的，其他轨道的层级可以更改。

比如，在"层级"为1级的视频轨道上方再添加一条视频轨道时，该轨道的"层级"默认为2级，如图6-68所示。

选中该2级轨道，将其层级改为1级，此时其下方的轨道就会自动变为2级。这样就会使位于中间的视频轨道画面覆盖另外两条轨道的画面。

因此，当覆盖关系与轨道的顺序不符时，就可以通过设置轨道的"层级"，使其符合上方轨道覆盖下方轨道的逻辑关系，这样可以让剪辑更加直观。

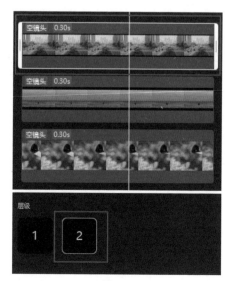

图6-68

藏得较深的"蒙版"功能

在时间线中添加多条视频轨道后，当画面之间出现了覆盖时，可以使用"蒙版"功能来控制画面局部区域的显示。

❶ 选中一条视频轨道后，单击界面右上角的"画面"选项，即可找到"蒙版"功能，如图6-69所示。

❷ 选择希望使用的蒙版，此处以"线性"蒙版为例，单击之后，在预览界面即会出现添加蒙版后的效果，如图6-70所示。

❸ 单击如图6-70所示的◉图标，即可调整蒙版角度。

图6-69

图6-70

❹ 单击◀图标，即可调整两个画面分界线处的羽化效果，如图6-71所示。

❺ 将鼠标指针移动到分界线附近，按住鼠标左键并拖动，即可调节蒙版位置，如图6-72所示。

图6-71

图6-72

第7章

润色视频画面以增加美感

7.1 让画面更美的"调节"功能

认识"调节"功能

"调节"功能的作用主要有两点，分别为调整画面的亮度和调整画面的色彩。在调整画面亮度时，除了可以调节明暗，还可以单独对画面中的高光（如图7-1所示）和阴影（如图7-2所示）进行调整，从而令视频的影调更细腻、更有质感。

由于不同的色彩具有不同的情感，所以通过"调节"功能改变色彩能够表达出视频制作者的主观思想。

图7-1　　　　　　　　　　　图7-2

营造小清新风格色调

❶ 将视频导入剪映后，向右滑动界面下方的选项栏，即可找到"调节"选项，如图7-3所示。

❷ 首先利用"调节"选项中的工具调整画面亮度，使其更接近小清新风格。点击"亮度"选项，适当提高该参数，让画面显得更阳光，如图7-4所示。

❸ 接下来点击"高光"选项，适当降低该参数，如图7-5所示。因为在提高亮度后，画面中较亮区域的细节有所减少，可以通过降低"高光"参数恢复部分细节。

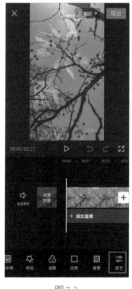 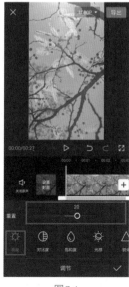 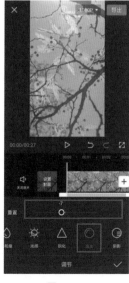

图7-3　　　　　　　　　　图7-4　　　　　　　　　　图7-5

❹ 要想让画面显得更清新，就要让阴影区域不那么暗。点击"阴影"选项，提高该参数，画面变得更加柔和了。至此，小清新风格照片的影调就确定了，如图7-6所示。

❺ 接下来对画面色彩进行调整。由于小清新风格的画面色彩饱和度往往偏低，所以点击"饱和度"选项，适当降低该数值，如图7-7所示。

❻ 点击"色温"选项，适当降低该参数，让色调偏蓝一点，因为冷调的画面可以传达出一种清新的视觉感受，如图7-8所示。

图7-6

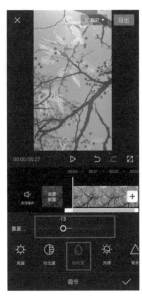

图7-7

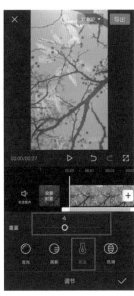

图7-8

❼ 然后点击"色调"选项，并向左滑动调整滑块，为画面增添些绿色，如图7-9所示。因为绿色代表着自然，与小清新风格照片的视觉感受是一致的。

❽ 再通过提高"褪色"选项的参数，营造"空气感"。至此，画面就具有了强烈的小清新风格，如图7-10所示。

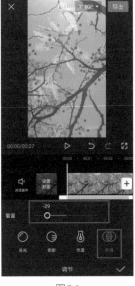

图7-9

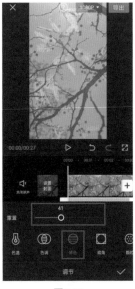

图7-10

❾ 千万不要以为此时就已经大功告成了。上文已经不止一次提到，只有效果轨道覆盖的范围才能够在视频上有所表现。图7-11中的黄色轨道的内容就是之前利用"调节"功能所实现的小清新风格画面。

当时间轴位于黄色轨道内时，画面是具有小清新色调的，如图7-11所示；而当时间轴位于黄色轨道没有覆盖到的视频区域时，就恢复为原始色调了，如图7-12所示。

❿ 因此，最后一定记得控制效果轨道，使其覆盖希望添加效果的时间段。针对本案例，为了让整个视频都具有小清新色调，所以将黄色轨道覆盖了整个视频，如图7-13所示。

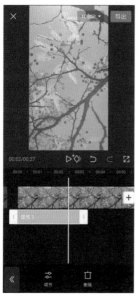
图7-11

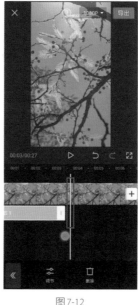
图7-12

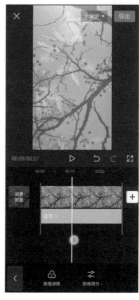
图7-13

7.2 一键调色的"滤镜"功能

与"调节"功能需要仔细调节多个参数才能获得预期效果不同，利用"滤镜"功能可以一键调出唯美的色调。下面具体介绍其使用方法。

❶ 选中需要添加滤镜效果的视频片段，点击界面下方的"滤镜"选项，如图7-14所示。

❷ 可以从多个分类下选择喜欢的滤镜效果。此处选择的为"风景"分类下的"晴空"，让水面更碧绿。通过红框内的滑动条，可以调节"滤镜强度"，默认为"100"（最高强度），如图7-15所示。

小提示： 选中一个片段，点击"滤镜"选项为其添加第一个滤镜时，该效果会自动应用到整个所选片段，并且不会出现滤镜轨道。

但如果在没有选中任何视频片段的情况下，点击界面下方"滤镜"选项并添加滤镜，则会出现滤镜轨道，此时需要控制滤镜轨道的长度和位置来确定施加滤镜效果的区域。图7-16红框所示为"晚樱"滤镜效果的轨道。

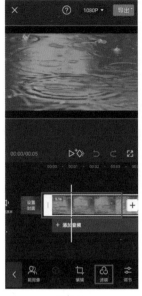

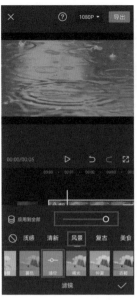

图 7-14	图 7-15	图 7-16

7.3 让画面的出现与消失更精彩的"动画"功能

很多朋友在使用剪映时容易将"特效""转场"与"动画"混淆。虽然这三者都可以让画面看起来更具动感,但动画功能既不能像特效那样改变画面内容,也不能像转场那样衔接两个片段,它所实现的其实是所选视频片段出现以及消失时的动态效果。

也正是因为动画的这一特点,在一些以非技巧性转场衔接的片段中加入动画,往往可以让视频看起来更生动。

❶ 选中需要增加动画效果的视频片段,点击界面下方的"动画"选项,如图 7-17 所示。

❷ 接下来根据需要,可以为该视频片段添加"入场动画""出场动画"及"组合动画"。因为此处希望配合相机快门声实现拍照的效果,所以为其添加"入场动画",如图 7-18 所示。

❸ 点击界面下方的各选项,即可为所选片段添加动画并进行预览。因为相机拍照声很清脆,所以此处选择同样比较干净利落的"轻微抖动Ⅱ"效果。通过"动画时长"滑动条还可调整动画的作用时间,这里将其设置为 0.5 秒,同样是为了让画面干净利落,如图 7-19 所示。

小提示:动画时长的可设置范围是根据所选片段的时长变动的。在设置动画时长后,具有动画效果的时间范围会在轨道上有浅浅的绿色覆盖,从而可以直观地看出动画时长与整个视频片段时长的关系。

通常来说,每一个视频片段的结尾附近(落幅)最好是比较稳定的,可以让观众清晰地看到该镜头所表现的内容,因此不建议让整个视频片段都具有动画效果。

但对于那些故意一闪而过,让观众看不清的画面,则可以通过缩短片段时长并添加动画来实现。

图 7-17

图 7-18

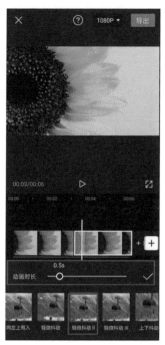

图 7-19

7.4 润色素材使其与场景更好地融合

本节将以一个案例来让各位体会为视频或者素材进行润色的作用。该案例将鲸鱼素材与风光素材进行合成,从而营造奇幻感。合成过程中需要使用滤镜、画中画、蒙版、关键帧等功能。

步骤一: 让天空中出现鲸鱼

首先需要将鲸鱼素材与风光素材进行合成,从而形成鲸鱼出现在天空的效果,具体方法如下所述。

❶ 导入一段有天空和云彩的视频素材,如图 7-20 所示。之所以需要有云彩,是为了能制作出鲸鱼穿梭在云层中的效果,从而让画面看起来更逼真、更有代入感。

❷ 依次点击界面下方的"画中画"和"新增画中画"选项,将鲸鱼素材添加至画面,如图 7-21 所示。

❸ 选中鲸鱼素材,点击界面下方的"智能抠像"功能,将鲸鱼从黑背景中抠出,如图 7-22 所示。

小提示: 视频后期效果不仅仅与使用的剪辑技巧有关,素材的选择也至关重要。如果使用的素材与效果不匹配,即便剪辑方式再复杂,剪辑难度再高,也无法得到理想的效果。

图 7-20

图 7-21

图 7-22

❹ 按住画面中的鲸鱼并拖动，将其调整至合适的位置，如图 7-23 所示。

❺ 选中位于主视频轨道的风光素材，缩短其长度至与鲸鱼素材相同，如图 7-24 所示。

图 7-23

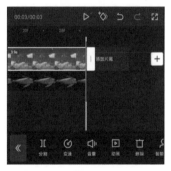

图 7-24

步骤二：让鲸鱼在天空中的效果更逼真

虽然"鲸鱼在天上"不可能在现实中存在，但为了让画面效果看起来不那么粗糙，依然需要进行一些润色，使其看起来更逼真。具体方法如下所述。

❶ 选中风光素材并点击界面下方的"复制"选项，如图 7-25 所示。

❷ 选中通过复制得到的片段，点击界面下方的"切画中画"选项，如图 7-26 所示。

❸ 随后将此段素材放在鲸鱼素材的下方，并与之首尾对齐，如图 7-27 所示。

❹ 继续选中该段视频素材，点击界面下方的"蒙版"选项，为其添加"圆形"蒙版。调整蒙版的位置和大小，使其刚好圈住鲸鱼尾巴区域的云层。然后适当拉动 图标，营造些许羽化效果，从而实现鲸鱼尾巴在云层中若隐若现的效果，如图 7-28 所示。

图 7-25 　　　　　　图 7-26 　　　　　　图 7-27 　　　　　　图 7-28

❺ 下面为鲸鱼添加 "滤镜",从而改变其色彩,使它与风光素材的色彩更匹配,增加画面的代入感。选中鲸鱼素材,点击界面下方的 "滤镜" 选项,如图 7-29 所示。

❻ 为其添加 "风景" 分类中的 "富士" 滤镜,如图 7-30 所示。

图 7-29 　　　　　　　　　图 7-30

步骤三: 让鲸鱼在画面中动起来

最后,通过关键帧功能让鲸鱼 "游" 起来。具体方法如下所述。

❶ 将时间轴移动到视频开始的位置,选中鲸鱼素材,点击 ◇ 图标添加关键帧,如图 7-31 所示。

❷ 再将时间轴移动到视频的结尾处,并将画面中的鲸鱼拖动至需要它 "游" 到的位置,此时剪映会自动在鲸鱼素材轨道中打上关键帧,如图 7-32 所示。

❸ 依次点击界面下方 "音频" 和 "音乐" 选项,添加一首背景音乐。此处直接搜索 "鲸鱼",并从中选择一首使用,如图 7-33 所示。

❹ 选中音频轨道,将其末端与视频轨道对齐即可,如图 7-34 所示。

图 7-31

图 7-32

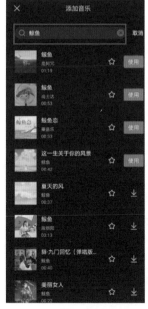
图 7-33

图 7-34

第 8 章

添加转场和特效

8.1 理解何为转场

一个完整的视频，通常是由多个镜头组合而来的，而镜头与镜头之间的衔接，就被称为转场。

一个合适的转场效果，可以令镜头之间的衔接更流畅和自然。并且，不同的转场效果也有其独特的视觉语言，从而传达出不同的信息。另外，部分转场方式还能够形成特殊视觉效果，让视频更吸引人。

对于专业的视频制作而言，"如何转场"是应该在拍摄前就确定的。如果两个画面间的转场需要通过前期的拍摄技术来实现，这种转场被称为"技巧性转场"；如果两个画面间的转场仅仅依靠其内在的或外在的联系，而不使用任何拍摄技术，则被称为"非技巧性转场"。

需要注意的是，"技巧性转场"与"非技巧性转场"没有高低优劣，只有适合不适合。其实在影视剧创作中，绝大部分转场均为"非技巧性转场"，也就是依赖于前后画面的联系进行转场。所以无论"技巧性转场"还是"非技巧性转场"，均是在前期拍摄时就已经打好了基础，后期剪辑时，只要将其衔接在一起即可。

对于普通的视频制作者而言，在拍摄能力不足的情况下，想实现一些比较酷炫的转场效果该怎么办呢？

其实剪映已经准备好了丰富的转场效果，直接点击两个视频片段的衔接处就可以添加。下面就来具体介绍使用剪映添加转场效果的方法。

8.2 使用剪映一键添加转场

在上文已经提到，添加转场效果的重点在于要让其与画面内容匹配，这样才能达到让两个视频片段衔接自然的目的。

❶ 将多段视频导入剪映后，点击视频之间的 Ⅰ 图标，即可进入转场编辑界面，如图8-1所示。

❷ 由于第一段视频的运镜方式为从左向右移镜，为了让衔接更自然，所以选择一个具有相同方向的"向左"转场效果。点击"运镜转场"选项，然后选择"向左"转场效果。

通过界面下方的"转场时长"滑动条，可以设定转场的持续时间。每次更改设定时，转场效果都会自动在界面上方显示。

转场效果和时间都设定完成后，点击右下角的"√"即可；若点击左下角的"应用到全部"选项，则可将该转场效果应用到所有视频的衔接部分，如图8-2所示。

❸ 由于第二段视频为推镜拍摄的，所以为了让转场效果看起来更自然，此处选择推镜头这种运镜转场方式。

点击"运镜转场"选项，然后选择"推近"效果，并适当调整"转场时长"，如图8-3所示。

图 8-1

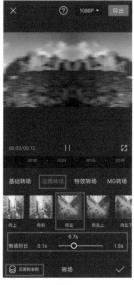

图 8-2

图 8-3

8.3 用剪映专业版这样添加转场

剪映专业版与剪映手机版相比有一个很大的不同在于，手机版中视频素材间的 Ⅰ 图标在剪映专业版中消失了。那么在剪映专业版中，该如何添加转场效果呢？

❶ 移动时间轴至需要添加转场的位置附近，如图8-4所示。

❷ 单击界面上方的"转场"选项，并从左侧列表中选择转场类别，再从素材区中选择合适的转场效果，如图8-5所示。

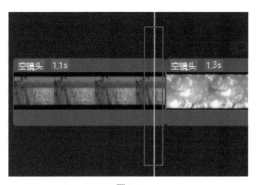

图 8-4

图 8-5

❸ 单击转场效果右下角的 ⊕ 图标，即可在距离时间轴最近的片段衔接处添加转场效果，如图8-6所示。

❹ 选中片段间的转场效果，拖动如图8-6所示白框的两边即可调节转场时长。也可以选中转场效果后，在细节调整区设定转场时长，如图8-7所示。

❺ 需要注意的是，当选中视频片段时，轨道上的转场会暂时消失，如图8-8所示。这只是为了便于调节视频片段位置和时长而已，所添加的转场效果依然存在。

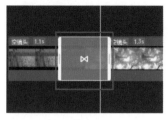
图8-6

图8-7

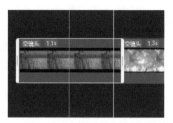
图8-8

小提示： 由于转场效果会让两个视频片段在衔接处出现过渡效果，因此在制作音乐卡点视频时，为了让卡点的效果更明显，往往需要将转场效果的起始端对准音乐节拍点。

8.4 制作特殊转场——抠图转场效果

有些很酷炫的转场效果是无法在剪映中一键添加的，需要通过后期制作才能实现，比如接下来要讲解的抠图转场效果。这类需要自己制作的转场效果往往可以让视频与众不同，从而在抖音或者快手平台的海量内容中脱颖而出。本案例将使用到"画中画""自动踩点""动画"及"特效"等功能。

步骤一：准备抠图转场所需素材

在抠图转场效果中，每一次转场都是以下一个素材第一帧的局部抠图画面作为开始，继而过渡到下一个场景。因此，在制作抠图转场效果之前，除了要准备好多个视频片段，还要准备好视频片段第一帧的抠图画面。具体方法如下所述。

❶ 在手机中打开准备好的视频素材，并将播放进度条拉动到最左侧，然后截图，如图8-9所示。

❷ 将截下的图片在Photoshop中打开，使用"快速选择工具"将图片中的部分区域抠出，如图8-10所示。

图8-9

图8-10

❸ 将抠出的图片保存为PNG格式，从而保留透明区域，得到如图8-11所示的画面。

❹ 其他视频片段均按以上步骤进行操作。需要注意的是，在剪辑中第一个出现的视频片段不需要做此操作，因为第一个视频片段不需要从其他画面转场过来。

图8-11

> **小提示：** 由于抠图转场效果重点在于营造一种平面感，所以抠图不需要非常精细。另外，选择轮廓分明的视频画面进行抠图会得到更好的效果，并且抠图速度也更快。

步骤二：实现抠图转场基本效果

准备好素材之后，就可以进入剪映进行抠图转场效果的制作了。具体方法如下所述。

❶ 将准备好的视频素材导入剪映，并点击界面下方的"画中画"选项，如图8-12所示。

❷ 点击"新增画中画"，将之前抠好的、下一个视频的第一帧图片导入剪映，如图8-13所示。虽然此时图片显示为黑色背景，但添加至剪映中后，就是透明背景了。

❸ 选中导入的抠图素材，并将时间轴移动到转场后的视频片段开头位置。然后调整抠图素材的位置和大小，使其与画面完全重合，如图8-14所示。

图8-12

图8-13

图8-14

❹ 缩短抠图素材时长至0.5秒左右，所选片段时长会在其右下角显示，如图8-15所示。

❺ 将抠图素材的末端与两个视频片段衔接处对齐，如图8-16所示。

❻ 将需要制作转场效果的另外三个视频片段添加至剪映后，按照相同方法制作抠图转场效果即可，如图8-17所示。

| 图8-15 | 图8-16 | 图8-17 |

> **小提示：** 抠图素材时长控制的0.5秒并不是固定值。之所以建议各位将其调整为0.5秒，是因为笔者经过反复尝试后，发现0.5秒的时间既可以让观者意识到图片的出现，又不至于被与当前画面无关的画面干扰。当然，各位也可以根据自己的需求对该时间进行调整。

步骤三：加入音乐实现卡点抠图转场

为了让转场的节奏感更强，可以选择合适的背景音乐并在音乐节拍处进行抠图转场。具体方法如下所述。

❶ 依次点击界面下方的"音频"和"音乐"选项，选择"我的收藏"，并使用《Man on a Mission》这首音乐，如图8-18所示。各位也可以直接搜索歌名来添加该背景音乐。

| 图8-18 | 图8-19 | 图8-20 |

❷ 选中音频轨道后，点击界面下方的"踩点"选项，如图8-19所示。

❸ 开启界面左下角的"自动踩点"开关，并选择"踩节拍Ⅰ"，如图8-20所示。之所以选择"踩节拍Ⅰ"，是因为其节拍点比较稀疏，适合节奏稍慢的视频风格使用。

❹ 点击如图8-21中红框所示的图标，查看画中画轨道。

❺ 选中画中画轨道中的第一个素材，将其开头与第一个节拍点对齐；再将主视频轨道中的素材（转场前的视频片段）末尾与画中画轨道中的抠图素材末尾对齐，如图8-22所示。这样就实现了在节拍点处进行抠图转场的效果。

❻ 对其他三个视频片段的抠图转场均按照上述方法进行处理，即可实现每次转场均在节拍点上，也就是所谓的音乐卡点效果，如图8-23所示。

> **小提示：** 在将主视频轨道素材与画中画轨道中的抠图素材末尾对齐时，由于没有吸附效果，所以不太可能做到完全对准。此时切记，主视频轨道的视频长度与抠图素材的长度相比要"宁短勿长"，也就是要确保在主视频素材每个衔接时间点上均会出现抠图素材画面。只有这样，才能正确实现抠图转场效果。

图8-21

图8-22

图8-23

步骤四：加入动画和特效让转场更震撼

此时的抠图转场效果依旧比较平淡，所以需要增加动画和特效来强化其视觉效果。

❶ 选中画中画轨道中的抠图素材，并点击界面下方的"动画"选项，如图8-24所示。

❷ 点击界面下方的"入场动画"选项，选择"向下甩入"效果，如图8-25所示。各位也可以选择自己喜欢的效果进行添加。但为了更好地表现出抠图转场效果的优势，建议选择"甩入"类的动画，从而营造更强的视觉冲击力。

❸ 按照上述方法，对每个抠图素材都添加"入场动画"效果。

❹ 点击界面下方的"特效"，并选择"漫画"分类下的"冲刺"效果。然后将该效果的首尾与抠图素材对齐，如图8-26所示。同样，以相同方法，为每个抠图素材登场时都添加一个特效。

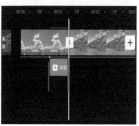

图 8-24　　　　　　　　　　　图 8-25　　　　　　　　　　　图 8-26

8.5　特效对于视频的意义

　　剪映中有非常丰富的特效，很多朋友只是单纯地利用特效让画面变得更炫，当然，这是特效的一个重要作用。但特效对于视频的意义绝不仅仅如此，它可以让视频具有更多可能。

利用特效突出画面重点

　　一个视频中往往会有几个画面需要重点突出，比如运动视频中最精彩的动作，或者是带货视频中展示产品时的画面。单独为这部分画面添加特效后，可以使之与其他部分在视觉效果上产生强烈的对比，从而起到突出视频中关键画面的作用。

利用特效营造画面氛围

　　对于一些需要突出情绪的视频而言，与情绪匹配的画面氛围至关重要。而一些场景在前期拍摄时可能没有条件去营造适合表达情绪的环境，那么通过后期增加特效来营造环境氛围则成为一种有效的替代方案。

利用特效强调画面节奏感

　　让画面形成良好的节奏可以说是后期剪辑最重要的目的之一。那些比较短促、具有爆发力的特效，可以让画面的节奏感更突出。利用特效来突出节奏感还有一个好处，就是可以让画面在发生变化时更具观赏性。

8.6 使用剪映添加特效的方法

❶ 点击界面下方"特效"选项，如图8-27所示。

❷ 剪映按效果不同，将特效分成了不同类别。点击一种类别，即可从中选择相应的具体特效。在选择一种特效后，预览界面会自动播放添加此特效后的效果。此处选择"基础"分类下的"开幕"特效，如图8-28所示。

图8-27

图8-28

❸ 在编辑界面下方，即出现"开幕"特效的轨道。按住该轨道，即可调节其位置；选中该轨道，拉动左侧或右侧的"白边"，即可调节特效作用范围，如图8-29所示。

❹ 如果需要继续增加其他特效，在不选中任何特效的情况下，点击界面下方的"新增特效"选项即可，如图8-30所示。

图8-29

图8-30

小提示：在添加特效之后，如果切换到其他轨道进行编辑，特效轨道将被隐藏。如需再次对特效进行编辑，点击界面下方"特效"选项即可。

8.7 利用特效营造画面氛围——"灵魂出窍"效果教学

在本案例中，为了让"灵魂出窍"后的环境氛围显得更灵异，并呈现出"灵魂"好像进入了另外一个空间的视觉感受，使用了"特效"功能来营造异空间既视感。除此之外，为了制作出分身效果，还应用了"画中画""定格"及"蒙版"等功能。

步骤一：准备制作"灵魂出窍"效果的素材

由于本案例的效果不是那种随便找几张图片或者几个视频片段就能做出的，所以需要自己先拍一段"灵魂出窍"的视频素材。具体方法如下所述。

❶ 将手机固定，并确定取景范围，保证人物的所有表演均在画面范围内。首先要表演出头疼的感觉，为之后"灵魂出窍"做铺垫，如图8-31所示。

❷ 接下来要突然站直，想象此时"灵魂"从身体中出来了，并定格该姿势几秒，如图8-32所示。

❸ 定格几秒后，身体前倾，并随惯性向前走两步，此时就是"灵魂"在表演了，如图8-33所示。

❹ 作为"灵魂"，表现出不可思议的感觉，并吃惊地看向自己原来站着的位置（为了让剪辑后能呈现出看着自己的"本体"效果），如图8-34所示。

当素材具有以上4个关键点后，才能让剪辑后的"灵魂出窍"效果看起来连贯、且更有意思。当然，您也可以有自己的表演方式，只要其中包含"本体"及"灵魂"的表演即可。

图8-31

图8-32

图8-33

图8-34

步骤二：定格"出窍"瞬间，并选择合适的音乐

由于"灵魂出窍"的瞬间，也就是前期拍摄时定格几秒的动作，需要始终出现在画面中，所以要进行定格操作。具体方法如下所述。

❶ 首先进行"掐头去尾"，也就是将素材中不需要的画面进行分割并删除，如图8-35所示。

❷ 为了让"出窍"那一瞬间更突出，先找一首节奏感比较强的背景音乐，最好该音乐能具有一个前后旋律相差较大的节拍点，那么当"出窍"瞬间与这个节拍点同步时，效果就会更加震撼。本案例选择的背景音乐为"卡点"分类下的《D.T.M.》，如图8-36所示。

❸ 选中音频轨道，点击界面下方的"踩点"选项，如图8-37所示。

图8-35

图8-36

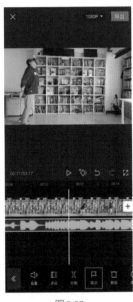

图8-37

❹ 因为只添加一个节拍点即可，所以不必使用"自动踩点"，经过试听确定用来"出窍"的节拍点并添加即可，如图8-38所示。

❺ 将时间轴移动到该定格动作刚刚做好的瞬间，并点击界面下方的"分割"选项，如图8-39所示。

❻ 将分割出的后半段视频删除，然后将时间轴移动到视频末尾处，点击界面下方的"定格"选项，如图8-40所示。定格得到的画面其实就是最终效果中一直出现的"本体"画面。

▰▰▰▰ **小提示：** 定格瞬间后，还不能确定该画面持续的时间，因为定格画面的持续时间要根据整个视频的持续时间而定，而整个视频的持续时间要在制作完"灵魂出窍"效果后才能确定。所以在得到定格画面后，先将其放在一边，继续接下来的操作即可。

图 8-38

图 8-39

图 8-40

步骤三：实现"灵魂出窍"效果

"灵魂出窍"效果其实就是分身效果的一种，只不过为了有"灵魂"的既视感，其中一个分身要稍微虚一点。具体方法如下所述。

❶ 依次点击界面下方的"画中画"和"新增画中画"选项，再次导入之前拍好的视频素材，并调整大小使其与主视频画面大小相同，如图 8-41 所示。

❷ 移动时间轴，找到身体刚开始往前倾斜的瞬间，并点击界面下方的"分割"选项，如图 8-42 所示。

❸ 选中分割出的前半段视频并删除，然后将剩余的视频片段与主视频轨道的分割处对齐，如图 8-43 所示。

图 8-41

图 8-42

图 8-43

❹ 将画中画轨道添加的视频素材末尾不需要的部分分割并删除，如图8-44所示。

❺ 选中画中画轨道，点击界面下方的"蒙版"选项，如图8-45所示。

❻ 选择"圆形"蒙版，并调整其位置和形状，使其刚好覆盖倾斜的人物，然后适当拉动 图标，形成羽化效果，从而让"灵魂"有种半透明的感觉，如图8-46所示。

图8-44

图8-45

图8-46

❼ 由于蒙版的位置是固定的，所以当视频继续往后播放时，已经出现的"灵魂"会从画面中消失。因此，需要利用关键帧让蒙版随着"灵魂"的移动而移动，从而保持"本体"与"灵魂"同时出现在画面中。故在画中画素材轨道开头打上一个关键帧，如图8-47所示。

❽ 将时间轴稍向右侧移动，当"灵魂"几乎消失后，点击"蒙版"选项，如图8-48所示。

❾ 移动蒙版位置，使"灵魂"重新出现在画面中，剪映会自动为此处打上关键帧，如图8-49所示。

图8-47

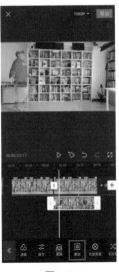
图8-48

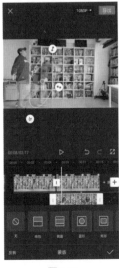
图8-49

⑩ 按照相同的方法，通过移动蒙版，让"灵魂"始终出现在画面中，此时画中画轨道会出现多个关键帧，如图8-50所示。

⑪ "灵魂出窍"效果完成后，视频的长度也就确定了。选中定格画面，拖动其尾部，使其与画中画轨道中的素材末尾对齐，如图8-51所示。

图8-50　　　　　　　　　　图8-51

步骤四：通过"特效"功能营造画面氛围

虽然制作出了"灵魂出窍"的效果，但整个视频的氛围并不会让人感到灵异，所以接下来通过"特效"功能营造画面氛围。具体方法如下所述。

❶ 在"灵魂出窍"的瞬间，人应该立刻就做出那个定格动作。但目前这个动作的速度不够快，所以要对该动作进行加速处理。截取出该动作的片段，点击"变速"选项，如图8-52所示。

❷ 点击"常规变速"，加速至"4.0x"，如图8-53所示。

❸ 随后将画中画轨道素材重新与定格画面的分割处对齐，如图8-54所示。

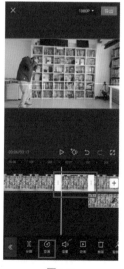

图8-52　　　　　　　　图8-53　　　　　　　　图8-54

❹ 接下来将已经标好的音乐节拍点与"出窍"瞬间的时间点对齐。采用的方法是计算下节拍点到"出窍"位置间隔多少秒，然后对音乐进行分割，删除其开头部分相同时长的音频，使节拍点与"出窍"位置基本对齐即可，如图8-55所示。

❺ 点击界面下方的"特效"选项，添加"动感"分类下的"波纹色差"效果，如图8-56所示。

该特效可以营造出"灵魂出窍"后的异空间效果。将该特效轨道的开头与"出窍"动作瞬间的分割位置对齐，结尾与视频末尾对齐即可，如图8-57所示。

图8-55

图8-56

图8-57

❻ 随后点击界面下方的"作用对象"选项，选择"全局"，从而让该特效对主视频轨道及画中画轨道都起作用，如图8-58所示。

❼ 选中主轨道，点击界面下方的"滤镜"选项，添加"电影"分类下的"敦刻尔克"效果，如图8-59所示。但此时从预览界面中会发现，蒙版遮罩的区域并没有滤镜效果。

❽ 选择画中画轨道素材，同样为其添加"敦刻尔克"滤镜效果后，整个画面的色调就统一了，如图8-60所示。

小提示： 在为有画中画轨道的视频添加特效时，要时刻记住确定该特效的"作用对象"。因为在默认情况下，即便特效轨道同时还覆盖了画中画轨道素材，特效也只会对其所覆盖的"主视频"起作用。当需要让画面中所有元素都受到特效的影响时，就需要将"作用对象"手动设置为"全局"；如果只希望特效作用在"画中画"，则需要将其手动设置为"画中画"。

图 8-58

图 8-59

图 8-60

❾ "出窍"后的画面效果处理完毕后，再为前半段"头疼"时的画面增加特效，继续营造整体氛围。点击界面下方的"特效"选项，添加"动感"分类下的"心跳"特效，如图8-61所示。

❿ 将该特效的开头与视频开头对齐，结尾与之前添加的"波纹色差"特效衔接即可，如图8-62所示。

图 8-61

图 8-62

8.8 利用特效营造场景感——时尚杂志封面效果教学

剪映中的部分特效还可以用于营造某些特定的场景。比如"变清晰"特效就加入了相机拍摄时的对焦过程，那么利用该效果，即可制作出拍照场景的视频。本案例除了使用"特效"功能，还添加了音效、滤镜等。

步骤一：导入素材并实现音乐卡点

因为本案例涉及从普通画面到杂志封面的转变，那么转变的节点如果可以和音乐的节拍匹配，就能营造出很好的节奏感。具体方法如下所述。

❶ 将多张照片导入剪映后，点击界面下方的"比例"选项，选择"9:16"，并调整画面大小至填充整个画布，如图8-63所示。

❷ 将时间轴移动到图片素材的中间位置附近，并点击界面下方的"分割"选项，如图8-64所示。此步骤是为了之后营造封面效果做准备，所以目前不用确定其时长，分割的位置也没有要求，只要将各段图片素材均分割成两段即可。

❸ 点击界面下方的"音频"选项，选择"音乐"，搜索《察觉》这首歌并使用，如图8-65所示。

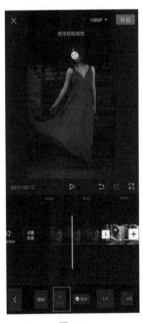

图 8-63

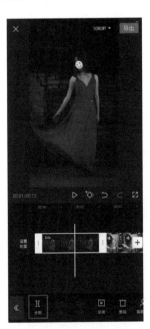

图 8-64

图 8-65

> **小提示**：将画面比例设置为9:16后，如果素材中包含横画幅的照片，那么就需要考虑其填充整个画面后的构图及清晰度是否依然符合要求。构图可以通过改变画面位置进行调节，而一旦画质降低过于严重，就只能更换素材了。另外，通过将每段素材复制一次的方法也可以实现上文提到的将各段素材均变为两段的效果。

❹ 移动时间轴至音乐前奏刚好结束的位置，点击界面下方的"分割"选项，并将前奏删除，如图8-66所示。

❺ 选中音频轨道，长按并将其拖动到轨道最左侧，然后点击界面下方的"踩点"选项，如图8-67所示。

❻ 反复试听音乐，在音乐节拍处点击"添加点"选项，手动打上节拍点，如图8-68所示。

图8-66

图8-67

图8-68

❼ 选中开头的视频片段，将其末端与第1个节拍点对齐；再选中第2个视频片段，将其末端与第2个节拍点对齐。以此类推，将每个视频片段的末端均与相应的节拍点对齐，如图8-69所示。这样就实现了音乐卡点效果。

❽ 选中音频轨道，将其结尾与视频结尾对齐即可，如图8-70所示。

图8-69

图8-70

步骤二：增加特效和音效实现"在拍照"的感觉

接下来为视频添加特效和音效，营造出类似拍照的画面。具体方法如下所述。

❶ 点击界面下方的"特效"选项，选择"热门"分类下的"变清晰"，如图8-71所示。

❷ 选中特效轨道，将其开头与视频开头对齐，结尾与第一个节拍点对齐，如图8-72所示。

❸ 再次选中特效轨道，并点击界面下方的"复制"选项，如图8-73所示。

图8-71

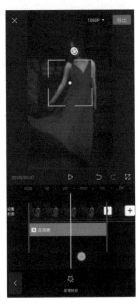

图8-72

图8-73

❹ 将复制好的"变清晰"特效的开头与第2个节拍点对齐，将结尾与第3个节拍点对齐，如图8-74所示。也就是说，"变清晰"特效只覆盖每张照片素材的前半段轨道即可。因为后半段轨道是拍摄后的效果，并不需要对焦过程的画面。

接下来采用相同的方法，将"变清晰"特效依次覆盖到每张照片的前半段轨道即可。

❺ 依次点击界面下方的"音频"和"音效"选项，选择"机械"分类下的"拍照声4"，如图8-75所示。

图8-74

图8-75

❻ 由于音效轨道的前面一小段是没有声音的，所以不能简单地将其开头与节拍点对齐，而应当调整音效位置，并重复试听，直到音效声与图片转换的瞬间基本一致即可，如图8-76所示。记住节拍点对准音效轨道的大概位置，这样可以提高接下来确定音效位置时的效率。

❼ 选中该音效并复制，然后移动该音效至下一个"拍照"的瞬间。由于之前已经有过将音效与节拍点匹配的经验，所以接下来的匹配速度就会快很多，如图8-77所示。

按照此方法，在之后的每一个"拍照"瞬间所对应的节拍点处，增加"拍照声"音效。

图8-76

图8-77

步骤三：增加"贴纸""滤镜"和"动画"效果让拍照前后出现反差

只有当"拍照"前后的画面出现明显变化，这个视频才有看点。接下来将"拍照"后的画面处理为类似杂志封面的效果，从而与"拍照"前的普通画面形成反差。具体方法如下所述。

❶ 点击界面下方的"贴纸"选项，选择"边框"分类下的封面贴纸，如图8-78所示。

❷ 调整封面贴纸的大小，使其与图片相匹配，然后将其轨道覆盖当前画面"拍照"后的视频轨道，如图8-79所示。

图8-78

图8-79

❸ 为了让视频画面不显单调，建议为不同的照片选择不同的封面，并覆盖到各"拍照"后的视频轨道。剩下3张照片所添加的封面贴纸如图8-80所示。

❹ 伴随着"咔嚓"的拍照声，如果画面能有一些动画效果，就可以让视频更精彩。选中"拍照"后的片段，点击界面下方的"动画"选项，为其添加"入场动画"中的"轻微抖动"效果，如图8-81所示。

通过相同的方法，为接下来每一个"拍照"后的视频片段均添加一个入场动画。

❺ 如果只有图片有动画效果而贴纸却没有，看起来会有些不协调。因此选中贴纸，点击界面下方的"动画"选项，为其添加"入场动画"中的"弹入"效果，如图8-82所示。按照相同的方法，为之后的每一个封面都添加一个"动画"效果。

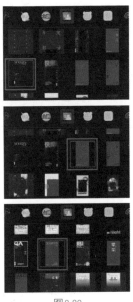

图8-80

图8-81

图8-82

❻ 其实处理到这一步，效果就已经比较不错了。但笔者发现由于添加的第2个封面本身具有"滤镜"效果，因而"拍照"前后出现了色彩的变化。所以，接下来为其他"拍照"后的画面也添加滤镜效果。选中需要添加滤镜的片段，点击界面下方的"滤镜"选项，如图8-83所示。

❼ 此处选择的是"胶片"分类下的"KC2"滤镜，如图8-84所示。

图8-83

图8-84

8.9　利用特效弥补画面缺陷——意念倒牛奶效果教学

本案例将实现水杯中凭空出现牛奶那样好像变魔术似的效果。制作该效果需要先拍摄两段素材，一段是对着空杯子做"意念倒牛奶"的动作（以下统称为第1段素材），另外一段是向空杯中倒牛奶的画面（以下统称为第2段素材），然后将这两段视频合成。但由于倒牛奶的视频片段势必会出现阴影，为了弥补这一缺陷，在后期时需要特效进行遮挡。

步骤一：准备后期所需素材

本案例效果需要自行录制两段视频素材。具体方法如下所述。

❶ 首先固定好手机，确定取景范围。然后录制第1段素材，即对着空杯子，表演一些好像在"意念倒牛奶"的动作，如图8-85所示。需要注意的是，对空杯子对焦后，应长按对焦位置，开启对焦 / 曝光锁定，从而保证两段素材的亮度是一致的。

图8-85

❷ 接下来录制第2段素材，即向空杯子中倒入牛奶。录制该素材时，注意不要让手和牛奶瓶出现在画面中，如图8-86所示。如果家中有可调节亮度的灯，可以适当从低位向手部到桌面的阴影打光，尽量减少阴影对画面的干扰。

由于本案例没有在前期拍摄时对阴影进行处理，所以需要通过后期添加特效进行弥补。

图8-86

> **小提示：** 第1段素材中手逐渐抬起的速度要尽量与第2段素材中杯中牛奶增多的速度保持一致。当然，不需要非常精确，只要基本同步就可以，这样才能让制作完成的效果更"逼真"。

步骤二：剪辑素材并确定其轨道位置

完成素材录制后，需要先对其进行简单的剪辑。具体方法如下所述。

❶ 将第1段素材导入剪映，将开头和结尾不需要的部分删除，只保留中间"意念倒牛奶"的部分。选中第1段素材，点击界面下方的"分割"选项，再选中不需要的部分，点击"删除"即可，如图8-87所示。

❷ 点击界面下方的"画中画"选项，如图8-88所示。

❸ 点击"新增画中画"，将第2段素材导入剪映，如图8-89所示。

图 8-87

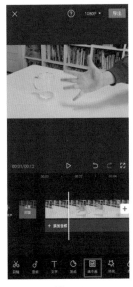
图 8-88

图 8-89

❹ 选中第2段素材，并调节其画面大小，使其刚好覆盖整个画面，如图8-90所示。

❺ 对第2段素材进行"掐头去尾"，将不需要的部分删除，只保留杯中牛奶不断升高的画面。分别移动时间轴到杯中开始有奶及杯中奶达到最高位置的时刻，点击界面下方的"分割"并删除位于两端的片段，如图8-91所示。

❻ 将时间轴移动到第1段素材中手刚要开始往上逐渐抬起的位置，然后长按第2段素材，将其开头移动至时间轴处，如图8-92所示。这样就将两段素材进行了匹配，即手开始往上抬时，牛奶就开始在杯中出现。

图 8-90

图 8-91

图 8-92

步骤三：利用蒙版营造意念倒牛奶效果

虽然两段素材匹配上了，但此时位于画中画轨道的第2段素材会完全遮盖住位于视频轨道的第1段素材的画面，因此手的动作会在杯中有牛奶后消失。接下来要做的就是通过蒙版实现杯中牛奶和手部动作同时出现。具体方法如下所述。

❶ 选中第2段素材，将时间轴移动到其开头位置，点击界面下方的"蒙版"选项，如图8-93所示。

❷ 选择"矩形蒙版"并调整其大小和位置，使其刚好能将杯底的牛奶显示出来，如图8-94所示。

❸ 保持时间轴位于第2段素材开头位置不要动，点击◇图标添加关键帧，如图8-95所示。

图8-93

图8-94

图8-95

❹ 移动时间轴，随着牛奶在杯中升高，部分牛奶会无法显示在画面中。此时再次选择"矩形蒙版"并调整其大小，使其让牛奶能完整显示出来，剪映会在该位置自动打下关键帧，如图8-96所示。

❺ 接下来的操作就是随着牛奶不断升高，让蒙版的位置也不断升高，总之就是保持牛奶始终能完整出现在画面中。按此操作之后，第2段素材轨道上会出现多个关键帧，如图8-97所示。

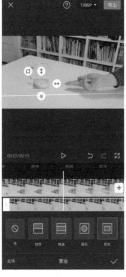

图8-96

图8-97

❻ 但此时各位会发现牛奶部分会有较为明显的边框，让视频效果大打折扣，所以需要移动时间轴到各个关键帧处，并调节蒙版的羽化效果。适当拉动 ☒ 图标，即可减弱边缘感，让杯中牛奶看起来更自然，如图8-98所示。

❼ 按照上述操作，即可实现牛奶和手均出现在画面中。但别忘了让第2段视频素材的结尾与主视频轨道的结尾对齐，如图8-99所示。

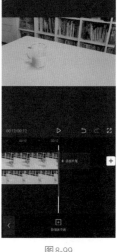

图8-98

图8-99

步骤四：利用特效遮盖画面瑕疵

接下来的工作主要是对视频效果进行润色，使画面表现力更强。具体方法如下所述。

❶ 依次点击界面下方的"音频"和"音乐"选项，选择"卡点"分类下的"就这？"作为背景音乐，如图8-100所示。

❷ 该音乐在某个节拍点前后有明显的旋律变化，所以需要让"杯中开始有牛奶"的时刻与这个节拍点对齐，这样会让视频更有节奏感。选中音频轨道，点击界面下方的"踩点"选项，通过试听，手动添加该节点，如图8-101所示。

❸ 为了让节拍点可以和杯中出现牛奶的画面匹配，应将背景音乐开头的2秒时间减掉。移动时间轴至2秒处，选中音频轨道，点击界面下方的"分割"选项，删除分割出的前半段音频，如图8-102所示。

图8-100

图8-101

图8-102

❹ 此时笔者发现牛奶刚出现在杯中的那一刻，杯子底部出现了明显的阴影，如图8-103所示，而这个阴影显然是通过蒙版的羽化效果也无法处理的。解决方法就是为其添加一个特效，这个特效既可以与音乐旋律的变化相配合，让画面出现一种反差感，也能够遮挡一些阴影区域，让观众不易发现这个瑕疵。

❺ 点击界面下方的"特效"选项，添加"热门"分类下的"RGB描边"效果，如图8-104所示。

❻ 将特效的开头与音乐节拍点对齐即可，如图8-105所示。加入的特效在牛奶出现的瞬间吸引了大量注意力，大大减弱了杯子边缘阴影造成的影响。

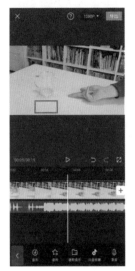

图 8-103

图 8-104

图 8-105

第9章

爆款视频的剪辑"套路"

无论是剪映手机版还是专业版，甚至是更专业的剪辑软件，比如 Adobe Premier，它们都只是剪辑的工具而已。学会使用这些软件，并不代表学会了剪辑。对于剪辑而言，在处理视频时的思路往往更为重要。在这一章中，将向各位介绍剪辑时常用的、不同类别短视频的后期思路。

9.1　短视频剪辑的4个基本思路

信息密度一定要大

一条短视频的时长通常只有十几秒，甚至几秒。为了能够在很短的时间内迅速抓住观者，并且讲清楚一件事，就需要视频的信息密度很大。

所谓信息密度，各位可以简单理解为画面内容变化的速度。如果画面的变化速度相对较快，在某种程度上，观众就可以不断获得新的信息，从而能在很短的时间内，了解一个完整的故事。

由于信息密度大的视频不会给观众太多思考的时间，所以有利于保持观众对视频的兴趣，对于提高视频"完播率"也非常有帮助。

相互衔接的视频片段要有变化

一段完整的视频通常是由几个视频片段组成的。当这些视频片段的顺序不太重要时，就可以根据其差异性来确定不同片段的衔接关系。通常而言，景别、色彩、画面风格等方面相差较大的视频片段适合衔接在一起。因为这种跨度大的画面会让观众无法预判下一个场景将会是什么，从而激发其好奇心，吸引其看完整个视频。

值得一提的是，通过"曲线变速"功能营造运镜速度的变化其实也是为了营造差异性。通过慢与快的差异，来让视频效果更多样化。

让语音和文字相互匹配

在剪辑有语音的视频时，可以让画面中出现部分需要重点强调的文字，并利用剪映中丰富的字体、花字样式及文字动画效果，让视频更具综艺感。

在剪辑过程中要注意语音与文字的出现要几乎完全同步，这样才能体现出"压字"的效果，视频的节奏感也会更好。

注意控制背景音乐的音量

很多剪辑新手在找到一首非常好听的背景音乐后，总是会将其音量调得比较大，生怕观者听不到这么优美的旋律。但对于视频而言，画面才是最重要的，背景音乐再好听，也只是陪衬。如果因为背景音乐声音太大而影响了画面的表现，就得不偿失了。尤其是用来营造氛围的背景音乐，其音量只要调整为刚好能听到即可。

9.2 "换装"与"换妆"短视频后期重点分析

甩头"换装"与"换妆"类视频的核心思路在于营造"换装（妆）"前后的强烈对比。

流量变现方式：卖服装或化妆品、广告植入、抖音商品橱窗卖货等。

在"换装（妆）"前，人物的穿搭和装扮要尽量简单，画面的色彩也尽量真实、朴素一些，如图9-1所示。

在"换装（妆）"后，可以通过以下6点营造"换装（妆）"前后的强烈对比，得到图9-2所示效果。

❶ 让"换装（妆）"后的着装及妆容更时尚，更精致。

❷ 使用滤镜营造特殊色彩。

❸ 使用剪映中"梦幻"或者"动感"类别中的特效，强化视觉冲击力，如图9-3所示。

❹ 选择节奏感和力量感更强的背景音乐。

❺ "换装（妆）"前后不使用任何转场特效，从而利用画面的瞬间切换营造强烈的视觉冲击力。

❻ 对"换装（妆）"后的素材进行减速处理，如图9-3所示。

图9-1

图9-2

图9-3

9.3　剧情反转类短视频后期重点分析

剧情反转类视频主要靠情节取胜，视频后期则主要是将多段素材进行剪辑，让故事进展得更紧凑，并将每个镜头的关键信息表达出来。

流量变现方式：卖服装或道具、广告植入、抖音商品橱窗卖货等。

剧情反转类视频的后期思路主要有以下4点。

❶ 镜头之间不添加任何转场效果，让每个画面的切换都干净利落，将观众的注意力集中在故事情节上。

❷ 语言简练，每个镜头时长尽量控制在3秒以内，通过画面的变化吸引观者不断看下去，如图9-4所示。

❸ 字幕尽量简而精，通过几个字表明画面中的语言内容，并放在醒目的位置上，有助于观众在很短时间内了解故事情节，如图9-5所示。

❹ 在故事的结尾，也就是"真相"到来时，可以将画面减速，给观者一个"恍然大悟"的时间，如图9-6所示。

图9-4

图9-5

图9-6

9.4　书单类短视频后期重点分析

书单类短视频的重点是要将书籍内容的特点表现出来。由于书中的精彩段落或内容结构单独通过语言表达很难引起观众的注意，这就需要通过后期为视频添加一定的、能起到说明作用的文字。

流量变现方式：卖书、抖音商品橱窗卖货等。

书单类视频的后期思路主要有以下4点。

❶ 大多数书单类视频均为横屏录制，然后在后期时再调整为9：16，从而在画面上方和下方留有添加书籍名称和介绍文字的空间，如图9-7所示。

❷ 画面下方的空白可以添加对书籍特色的介绍，并且为文本添加"动画"效果后，可实现在介绍到某部分内容时，相应的文字以动态的方式显示在画面中，如图9-8所示。

❸ 利用文字轨道条，还可以确定文字的移出时间，并且同样可以为文字添加出场动画，如图9-9所示。

❹ 书单视频的背景音乐应尽量选择舒缓一些的。因为读书本身就是在安静环境下做的事，所以舒缓的音乐可以让观众更有读书的欲望。

图 9-7

图 9-8

图 9-9

9.5　特效类短视频后期重点分析

　　虽然用剪映做不出科幻大片中的特效，但是当"五毛钱特效"与现实中的普通人同时出现时，也能让日常生活有了一丝梦幻。

　　流量变现方式：广告植入、抖音商品橱窗卖货等。

　　特效类视频的后期思路主要有以下4点。

　　❶ 首先要能够想象到一些现实生活中不可能出现的场景。当然，模仿科幻电影中的画面是一个不错的方法。

　　❷ 寻找能够实现想象中场景的素材。比如想拍出飞天效果的视频，那么就要找到与飞天有关的素材；想当雷神，就要找到雷电素材等，如图9-10所示。

　　❸ 接下来运用剪映中的画中画功能，如图9-11所示，为视频加入特效素材。让特效与画面中的人物相结合，就能实现基本的特效画面了。为了让画面更有代入感，人物要做出与特效环境相符的动作或表情。

　　❹ 为了让人物与特效结合的效果更完美且不穿帮，各位可以尝试不同的"混合模式"。如果下载的特效素材是"绿幕"或"蓝幕"则可以利用"色度抠图"功能，从而随意更换背景，如图9-12所示。

图9-10

图9-11

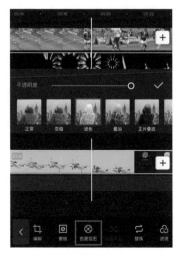

图9-12

9.6 开箱类短视频后期重点分析

开箱类视频之所以会吸引观者的眼球主要是利用了观者的"好奇心"，所以大多数比较火的开箱类视频都属于"盲盒"或者"随机包裹"一类。甚至那些评测类的视频大多亦会包含"开箱"过程，也是利用"好奇心"让观众对后面的内容有所期待。

流量变现方式：广告植入、商品橱窗卖货等。

为了能够充分调动起观众的好奇心，开箱类视频的后期思路主要有以下5点。

❶ 在开箱前利用简短的文字介绍开箱物品的类别，当作视频封面。比如手办或者鞋、包等，但不说明具体款式，起到引起观众好奇心的目的，如图9-13所示。

❷ 未开箱的包裹一定要出现在画面中，甚至可以多次出现，充分调动观者对包裹内物品的期待与好奇。

❸ 用小刀划开包装箱的画面建议完整保留在视频中，甚至可以适当降低播放速度，如图9-14所示。

❹ 包装箱打开后，从箱子中拿物品到将物品展示在观众眼前的过程可以剪辑为两个镜头。第一个镜头为慢慢地拿物品，而第二个镜头则为直接展示物品，实现一定的视觉冲击力。

❺ 视频最后，加入对物品的全方位展示及适当讲解，时长最好占据整个视频的一半，从而给观众充分的时间来释放之前积压的好奇心，如图9-15所示。

图 9-13

图 9-14

图 9-15

9.7 美食类短视频后期重点分析

美食类视频的重点是要清晰表现出烹饪的整个流程，并且拍出美食的"色香味"。因此对美食类视频的后期，在介绍佳肴所需的原材料和调味品时，要注意画面切换的节奏；而在菜肴端上餐桌时，则要注意画面的色彩。

流量变现方式：调味品广告、食材广告植入、商品橱窗售卖食品等。

为了能够清晰表现烹饪流程，并呈现出菜肴最诱人的一面，后期思路主要有以下4点。

❶ 在介绍所需调料或者食材时，尽量简短，并通过"分割"工具，让每个食材的出现时长基本一致，从而呈现一种节奏感，如图9-16所示。

❷ 为了让每一个步骤都能清晰明了，需要在画面中加上简短的文字，介绍所加调料或烹饪时间等关键信息，如图9-17所示。

❸ 通过剪映中的"调节"功能，可以增加画面的色彩饱和度，从而让菜肴的色彩更浓郁，激发观众的食欲。

❹ 美食视频的后期剪辑往往是一个步骤一个画面，所以视频节奏会很紧凑，观众在看完一遍后很难记住所有步骤。因此在最后加入一张文字版烹饪方法的图片，可以令视频更受欢迎，如图9-18所示。

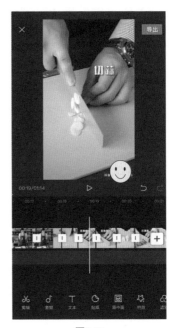

图9-16

图9-17

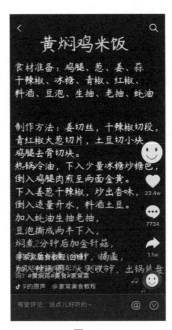

图9-18

9.8　混剪类短视频后期重点分析

目前抖音、快手或者其他短视频平台的混剪视频主要分为两类。第一类是对电影或剧集进行重新剪辑，用较短的时间让观众了解故事情节；第二类则是确定一个主题，然后从不同的视频、电影或者剧集中寻找与这个主题有关系的片段，将其拼凑在一起。

流量变现方式：广告植入、商品橱窗卖货等。

混剪类视频的后期思路主要有以下3点。

❶ 在进行影视剧混剪之前，要将各画面的逻辑顺序安排好，尽量只将对情节有重要推进作用的画面剪进视频，并通过"录音功能"加入解说，如图9-19所示。

❷ 因为电影或者电视剧都是横屏的，而抖音和快手上的短视频大多都是竖屏观看，所以建议通过"画中画"功能将剪辑好的视频分别在画面上方和下方进行显示，形成图9-20所示的效果。

❸ 对于确定主题的视频混剪，则要通过文字或者画面内容的相似性，串联起每个镜头。比如不同影视剧中都出现了主角行走在海边的画面，利用场景的相似性，就可以进行混剪。或者是如图9-21所示，通过"抗疫"这一主题，将三个表现抗疫期间不同岗位上的人们所做的努力的画面联系在一起。

图9-19

图9-20

图9-21

9.9 科普类短视频后期重点分析

目前抖音或者快手中比较"火"的科普类视频主要是提供一些生活中的冷知识，比如"为何有的铁轨要用火烧？"或者"市面上猪蹄那么多，但为何很少见牛蹄呢？"。

虽然不知道这些知识，对于生活也不会产生影响，但毕竟每个人都有猎奇心理，总是忍不住想去了解这些奇怪的知识。

流量变现方式：广告植入、商品橱窗卖货等。

科普类视频的后期思路主要有以下3点。

❶ 在第一个画面要加入醒目的文字，说明视频要解决什么问题。这个问题是否能够引起观者的好奇与求知欲，是决定着观看量的关键所在，如图9-22所示。

❷ 科普类视频中需要包含多少个镜头，主要取决于需要多少文字才能够解释清楚这个问题，因此，其后期剪辑思路与给文章配图的思路是基本相同的。为了让画面不断发生变化，吸引观者继续观看，一般两句话左右就要切换一个画面，如图9-23所示。

❸ 为了让科普类视频能够让大部分人都能看懂，也可以加入一些动画演示，让内容更亲民，自然就会有更多的人观看，如图9-24所示。

图9-22

图9-23

图9-24

9.10 文字类短视频后期重点分析

文字类视频除了文字内容之外，其余所有画面效果均是靠后期呈现的。此种视频的优势在于制作成本比较低，不需要实拍画面，只需把要讲的内容通过动态文字的方式表现出来就可以了。

流量变现方式：广告植入、商品橱窗卖货等。

文字类视频的后期思路主要有以下5点。

❶ 为了让文字视频更生动，并吸引观众一直看下去，文字的大小和色彩均要有所变化。在后期排版时，不求整齐，只求多变，如图9-25所示。

❷ 使用剪映制作此类视频时，通常需要在"素材库"中选择"黑场"或"白场"，也就是选择视频背景颜色，如图9-26所示。

❸ 由于在建立"黑场"或"白场"后，均默认为横屏显示，所以需要手动设置比例为9：16后，再旋转一下，形成图9-27所示的竖屏画面，方便在抖音、快手等平台观看。

❹ 在利用文本工具输入大小、色彩不同的文字后，记得为各段文字添加动画效果，让文字视频更具观赏性，如图9-28所示。

❺ 文字的出现频率要与背景音乐的节奏一致，利用剪映的"踩点"功能即可确定每段文字的出现时间。

图9-25

图9-26

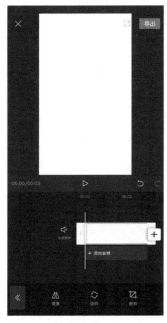

图9-27

图9-28

9.11 宠物类短视频后期重点分析

抖音和快手中的高赞宠物类视频主要分为两类，一类是表现经过训练后的宠物的听话懂事、通人性。另外一类则是记录宠物萌萌的或有趣的一刻。

流量变现方式：售卖宠物相关用品等。

宠物类视频的后期思路主要有以下3点。

❶ 将宠物拟人化是宠物视频常用的方法，所以要通过后期加入一些文字，配合其动作，来表现出宠物能听懂人话的感觉，如图9-29所示。

❷ 对于一些表现宠物搞笑的视频，还可以利用文字来指明画面的重点。另外，选一个"可爱"的字体，也可以令画面显得更萌，如图9-30所示。

❸ 对于猫咪一些习惯性动作，可以发挥想象力，给予其另外一种解释。比如猫咪"踩奶"的行为，其实来源于猫咪幼年喝奶时，通过爪子来回抓按母猫乳房刺激乳汁分泌，以喝到更多的奶水。而在长大后，这种习惯依旧被保留下来了，是其心情愉悦、有安全感的表现。将"踩奶"行为描述为"按摩"，则可以令宠物视频更生动，如图9-31所示。

图9-29

图9-30

图9-31

第10章

火爆抖音的后期效果实操案例

10.1 动态朋友圈九宫格效果教学

朋友圈中展示的图片都是静态的，而在本案例中，却可以做出动态的朋友圈画面。其基本思路是，先利用图片制作一段视频，然后将该视频与朋友圈九宫格素材图片进行合成。制作这个效果主要运用了剪映的"特效""画中画""混合模式""蒙版"等功能。

步骤一：准备视频素材

首先要准备好需要的朋友圈九宫格素材，具体方法如下所述。

❶ 打开微信朋友圈，点击如图10-1红框所示的封面区域，然后选择"更换相册封面"。

❷ 点击"从手机相册选择"，从中选择一张"纯黑"的图片，如图10-2所示。纯黑图片可以通过将手机镜头贴住某个黑色物品，比如黑色鼠标垫或黑色键盘等，然后降低曝光补偿拍摄得到。

❸ 发布一条朋友圈，图片选择为9张纯黑的照片。文案写一些与接下来要制作的动态画面相关的内容即可。虽然这条朋友圈在发完之后可以立即删除，但如果依然介意朋友们看到9张纯黑照片的话，可以通过设置"谁可以看"调整，如图10-3所示。

❹ 进入朋友圈界面，将自己刚刚发布的朋友圈进行截屏，如图10-4所示。截屏后将该朋友圈删除即可。

图 10-1

图 10-2

图 10-3

图 10-4

小提示：在拍摄纯黑的照片时，不一定非要拍黑色的物品，其实将任何不透光的物品紧紧贴在手机镜头上，并降低曝光补偿，都能拍出纯黑的照片。另外，截屏时尽量不要截到其他人发的朋友圈，画面中只有自己的封面、头像和刚发的9张黑色照片即可。

步骤二：利用特效制作动态效果

接下来进入剪映，将准备在朋友圈中展示的静态图片制作为动态效果，具体方法如下所述。

❶ 将图片素材导入剪映，点击界面下方的"比例"选项，并调整为"1:1"，然后放大图片至铺满整个画面，如图10-5所示。

❷ 将图片素材轨道适当拉长一些，然后在中间的任意一个位置进行"分割"，如图10-6所示。此步的目的是将素材轨道变为两段，从而分别对这两段轨道进行后期处理，实现不同的效果。

❸ 点击界面下方的"特效"选项，选择"基础"分类下的"模糊"效果，如图10-7所示。

图10-5

图10-6

图10-7

❹ 将第1段图片素材的时长调节至3秒左右，并将"模糊"特效的首尾与第1段图片素材的首尾对齐，如图10-8所示。

❺ 点击界面下方的"贴纸"选项，添加⏻图标分类下的，"加载"样式的贴纸，如图10-9所示。

❻ 将贴纸轨道与第1段图片素材的首尾对齐，从而营造出视频正在加载画面的既视感，如图10-10所示。

图10-8

图10-9

❼ 点击界面下方的"特效"选项，分别添加"动感"分类下的"水波纹"特效和"氛围"分类下的"金粉撒落"特效，如图10-11所示。

❽ 两种特效轨道均覆盖第2段图片素材，覆盖范围如图10-12所示。

图10-10　　　　　　　　　　　图10-11　　　　　　　　　　　图10-12

❾ 依次点击界面下方的"音频"和"音乐"选项，添加"轻快"分类下的"Good Day"这段音乐，如图10-13所示。

❿ 选中音频轨道，点击界面下方的"踩点"选项，手动添加作为画面转换时刻的节拍点，如图10-14所示。

⓫ 选中第1段视频，将其末尾与节拍点对齐，再相应地将覆盖第1段轨道的贴纸和特效均对齐节拍点，如图10-15所示。然后将音乐结尾与视频结尾对齐，并导出该视频。

图10-13　　　　　　　　　　　图10-14　　　　　　　　　　　图10-15

步骤三：将动态画面与九宫格素材合成

准备好动态画面素材和九宫格素材之后，将其合成在一起，就能够制作出动态朋友圈九宫格视频了。具体方法如下所述。

❶ 将之前准备好的朋友圈九宫格素材导入剪映，如图10-16所示。

❷ 依次点击界面下方的"画中画"和"新增画中画"，将刚做好的动态视频导入剪映，如图10-17所示。

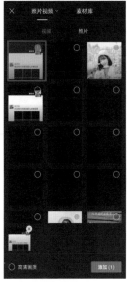

图10-16

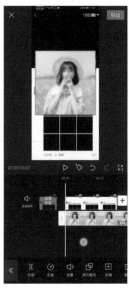

图10-17

图10-18

❸ 选中画中画轨道素材，调整其画面的位置和大小，使其刚好覆盖九宫格区域，如图10-18所示。

❹ 点击界面下方的"混合模式"选项，选择"滤色"模式，此时九宫格既视感就实现了，如图10-19所示。

❺ 接下来再导入一张照片，将其作为九宫格的封面，如图10-20所示。

图10-19

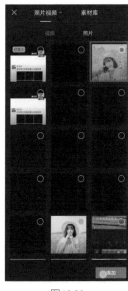

图10-20

❻ 选中该素材，调节其大小和位置，使其刚好覆盖上方的黑色区域，如图10-21所示。

❼ 依旧是点击界面下方的"混合模式"，并选择"滤色"，使"头像"显示出来，如图10-22所示。

❽ 但此时会发现头像的显示并不正常，所以需要通过"蒙版"让头像不被上方图层影响到。点击界面下方的"蒙版"选项，选择"矩形"蒙版，并点击界面左下角的"反转"选项。然后调整蒙版的位置和大小，使其刚好框柱头像区域，如图10-23所示。

❾ 最后，将九宫格素材轨道和作为朋友圈封面的图片轨道拉长至与动态画面轨道末尾对齐，如图10-24所示。

图10-21

图10-22

图10-23

图10-24

> **小提示：**在调节"蒙版"位置使其正好将"头像"框柱时，通过蒙版左上角"⬡"图标，即可形成圆角。

10.2　素描画像渐变效果教学

本案例计划实现画面中逐渐出现人物的素描画像，再从素描画像逐渐变化为真实的人物照片的效果。制作该效果主要使用到了剪映中的"画中画""滤镜""混合模式"及"特效"等功能，主要看点在于前半部分素描画像的形成，及转变为真实人物照片带来的画面变化。

步骤一：制作素描效果

准备好一张人像照片，再准备好一个素描素材，就可以制作出画出素描人像的效果。具体方法如下所述。

❶ 将素描素材和人像照片素材依次导入剪映，并点击界面下方的"比例"选项，将其设置为9∶16，如图10-25所示。

❷ 调整素材大小，使其填充整个画面，并且尽量保证构图美观，如图10-26所示。

❸ 选中人物照片素材，点击界面下方的"复制"选项，得到新的图片素材，如图10-27所示。

图10-25

图10-26

图10-27

❹ 点击界面下方的"画中画"选项，即可进入图10-28所示界面。

❺ 选中刚复制得到的图片素材，并点击界面下方的"切画中画"选项，如图10-29所示，从而将该片段切换到画中画图层。

如果不点击"画中画"选项直接选中复制得到的素材，会发现"切画中画"选项是灰色的，无法使用。

❻ 长按画中画轨道，将其开头与视频开头对齐，结尾与素描素材对齐，如图10-30所示。

图10-28

图10-29

图10-30

❼ 选中画中画轨道素材，点击界面下方的"滤镜"选项，如图10-31所示。

❽ 选择"风格化"分类下的"褪色"选项，如图10-32所示。

❾ 依旧选中画中画轨道素材，点击界面下方的"混合模式"选项，选择"滤色"模式，此时就实现了素描效果，如图10-33所示。

❿ 为了让素描效果更明显，选中画中画轨道素材后，点击界面下方的"调节"选项，将"对比度"拉到最高，如图10-34所示。

图10-31

图10-32

图10-33

图10-34

步骤二：制作从素描变化为人像照片的效果

素描效果实现后，则需要制作出其逐渐变化为人像照片的效果。具体方法如下所述。

❶ 在素描画面中，画架下方也出现了部分素描效果，严重影响画面美感，因此需要选中画中画素材轨道，并点击界面下方的"蒙版"选项，添加"线性"蒙版，让素描效果只出现在"画框"内，如图10-35所示。

图10-35

❷ 点击素描画面片段与真实照片片段之间的 ⚊ 图标，设置转场效果，如图10-36所示。

❸ 选择"基础转场"分类下的"色彩溶解"效果，并将转场时长调节至1.5秒，如图10-37所示。

图10-36 图10-37

❹ 加入转场效果后，将画中画素材轨道结尾与转场效果开始时刻对齐，如图10-38所示。

❺ 点击界面下方的"特效"选项，添加"氛围"分类下的"星河"效果，如图10-39所示。

图10-38 图10-39

步骤三：添加背景音乐确定各轨道位置

最后为视频添加合适的背景音乐，并在确定音频长度后，以此为基准调节各轨道位置。具体方法如下所述。

❶ 依次点击界面下方"音频"和"音乐"选项，选择"浪漫"分类下"说我爱你的一百种方式"作为背景音乐，如图10-40所示。

❷ 由于本案例中使用的素描素材本身带有音乐，所以先选中该素材片段，点击界面下方"音量"选项，如图10-41所示。

❸ 将音量设置为"0"，即可使用自己添加的背景音乐，如图10-42所示。

图10-40

图10-41

图10-42

❹ 为了让视频较为完整，最好在一句歌词唱完后结束，将时间轴移动到该位置，点击界面下方的"分割"选项，选中后半段，点击"删除"，如图10-43所示。确定了背景音乐的长度，也就确定了整个视频的长度。

❺ 选中主视频轨道的照片素材，并拖动其右侧白框，使其长度比音频长一点，以防止出现黑屏情况，如图10-44所示。

图10-43

图10-44

❻ 点击界面下方的"特效"选项，选中特效轨道，将其末尾与视频末尾对齐，如图10-45所示。

❼ 选中音频轨道，点击界面下方的"淡化"选项，如图10-46所示。

❽ 将淡入与淡出时长均设置为1秒左右，从而让视频的开始与结束都更加自然，如图10-47所示。

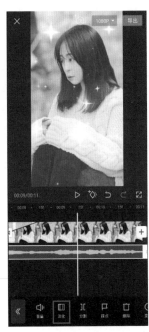

图 10-45 图 10-46 图 10-47

10.3 "偷走"你的影子效果教学

本案例将实现只把某个物体的影子"偷走",而物体本身却保持不动的效果。由于这种场景在现实中是不可能出现的,因此在"偷走"影子的瞬间,可以形成强烈的陌生感。制作这个效果需要自己拍摄素材,并且会使用剪映中的"画中画""蒙版""滤镜""特效"等功能。

步骤一:拍摄一段有影子的素材

既然要做出"偷"影子效果,那么视频素材中一定要有明显的影子,并且投下影子的物体是可以被拿走的。具体方法如下所述。

❶ 固定手机,确定取景范围,拍摄一朵花或者任何可以产生明显影子且能够被轻易拿走的物品,如图 10-48 所示。

❷ 为了让影子更明显,建议采用浅色的背景,本案例准备了一张浅色的桌子。通过控制光线,令影子投到作为背景浅色桌面上。由于桌子位于树叶的下方,所以通过高位光即可形成明显的影子。各位可以选择在午后强烈的阳光射进窗户后进行素材的拍摄。

另外,景物本身与影子间不能有任何重叠的部分,否则很难进行后期。

❸ 拍几秒景物和影子的静止画面后,就用手拿走画面中的树叶。此时依然要注意,手本身与影子不能有任何的重叠,如图 10-49 所示。树叶拿走后,不要立刻结束拍摄,再多拍几秒静止画面。

图 10-48	图 10-49

> **小提示：** 在用手拿走树叶的时候，一定要慢一些。因为整个视频的看点就在"偷走"影子这段画面，如果这段画面一闪而过，会让观众觉得不过瘾，甚至有可能没有看出画面的看点在哪里。

步骤二：添加背景音乐并找到关键节拍点

本案例的前半段其实平淡无奇，但从拿走树叶影子开始，就会让观者大吃一惊。为了让这一关键时刻更突出，最好能与音乐的节拍相契合。具体方法如下所述。

❶ 将拍好的视频素材导入剪映后，移动时间轴至手刚要去拿树叶的时刻，点击界面下方的"分割"，从而将素材分为两部分，第 1 部分是树叶与影子的静态画面，第 2 部分是手拿树叶的动态画面，如图 10-50 所示。

❷ 依次点击界面下方的"画中画"和"新增画中画"选项，随便添加一个视频，如图 10-51 所示。

图 10-50	图 10-51

❸ 选中主视频轨道中的第 2 段视频轨道，在下方工具栏中找到"切画中画"选项并点击，如图 10-52 所示，从而将手拿树叶的动态画面移动到画中画轨道。接下来将随意添加的素材删除即可。

❹ 依次点击界面下方的"音频"和"音乐"选项，添加"云烟成雨"作为背景音乐，如图 10-53 所示。该背景音乐的某个节拍点前后的旋律具有一定变化，适合营造出"偷"影子前后的反差。

❺ 选中音频轨道，点击界面下方的"分割"选项，将不需要的前奏及超过视频轨道的部分删除，如图 10-54 所示。

图 10-52

图 10-53

图 10-54

❻ 选中剩余的音频轨道，点击界面下方的"踩点"选项。在旋律转折的地方，手动添加节拍点，如图 10-55 所示。

❼ 调整画中画轨道素材的位置，使手刚开始拿叶子的瞬间与节拍点对齐，如图 10-56 所示。

图 10-55

图 10-56

步骤三：通过蒙版实现"偷"影子效果

为了实现只让影子从画面中消失，而树叶却还在的效果，需要使用"蒙版"功能控制画面的显示范围。具体方法如下所述。

❶ 选中画中画轨道中的素材，点击界面下方的"蒙版"选项，如图10-57所示。

❷ 选择"线性"蒙版，点击界面左下角的"反转"选项，适当移动其位置，使画面上方的手完全消失，但影子却不会受到影响，如图10-58所示。

图10-57

图10-58

图10-59

❸ 移动时间轴，将整个视频都过一遍，确保没有任何一个画面出现手。在本案例中，笔者就在检查过程中发现某个画面左侧出现一点瑕疵，如图10-59所示。此时就需要再次点击界面下方的"蒙版"选项，略微调整蒙版角度，使画面更完美。

❹ 将时间轴移动到视频结尾，最终决定结束时间点。点击界面下方"分割"选项，然后将分割出的后半段删除，如图10-60所示。

❺ 保持时间轴不动，分别选中音频轨道和画中画轨道，重复"分割"和"删除"的操作，从而确定视频的长度，如图10-61所示。

图10-60

图10-61

步骤四：对视频进行润饰

"偷"影子的效果虽然已经实现，但从整体来看视频依然较为平淡，所以需要利用"特效""滤镜"等功能进行润饰。具体方法如下所述。

❶ 点击界面下方的"特效"选项，选择"热门"分类下的"模糊开幕"效果，如图 10-62 所示。

❷ 将该特效安排在视频开头，从而让开场更自然，如图 10-63 所示。

❸ 再次点击"特效"，并选择"氛围"分类下的"圣诞光斑"特效，如图 10-64 所示。

图 10-62

图 10-63

图 10-64

❹ 将该特效的开头与节拍点对齐，结尾与视频末端对齐即可，如图 10-65 所示。

❺ 选中"圣诞光斑"特效，点击界面下方的"作用对象"选项，并选择"全局"，从而让整个画面均出现光斑，如图 10-66 所示。

图 10-65

图 10-66

❻ 将时间轴移动到节拍点的位置，然后选中主视频轨道，点击界面下方的"分割"选项。保持时间轴位置不动，再选中画中画轨道，并点击界面下方的"分割"选项，如图10-67所示。

❼ 选中主视频轨道上被分割出的后半段视频，并点击界面下方的"滤镜"选项，选择"清新"分类下的"潘多拉"效果，如图10-68所示。

❽ 此时只有部分画面具有滤镜效果，所以选中画中画轨道素材被分割出的后半段，添加与主视频轨道相同的滤镜效果，如图10-69所示。

图10-67

图10-68

图10-69

❾ 点击界面下方的"比例"选项，并设置为9:16，从而使视频适合在抖音或快手平台发布，如图10-70所示。

❿ 点击界面下方的"背景"选项，选择"模糊背景"，丰富画面内容，如图10-71所示。

图10-70

图10-71

10.4 综艺感人物出场效果教学

在本案例中将通过"定格""智能抠像""画中画""滤镜"等功能制作出很有综艺感的人物出场效果。为了实现该效果,建议各位准备的人物视频素材尽量具有简洁的背景且人物轮廓清晰,从而让剪映的"智能抠像"功能可以准确抠出画面中的人物。

步骤一:确定背景音乐并实现人物定格效果

在本案例中,人物出场会伴随着明显的画面变化,所以为了让这种变化更有节奏感,需要卡音乐的节拍点。具体方法如下所述。

❶ 导入视频素材,依次点击界面下方的"音频"和"音乐"选项,选择"Sold Out"作为背景音乐,如图10-72所示。

❷ 选中音频轨道后,点击界面下方的"踩点"选项,打开"自动踩点"功能,并选择"踩节拍Ⅱ",因为本案例不需要很密的节拍点。然后在试听过程中,由于发现个别节拍点位置稍有偏差,所以将时间轴移动到该节拍点,并点击界面下方的"删除点"选项将其删除,如图10-73所示。

❸ 经过试听确定节拍点的正确位置后,点击界面下方的"添加点"选项,手动增加节拍点,如图10-74所示。

| 图10-72 | 图10-73 | 图10-74 |

> ▋▋▋ **小提示:** 剪映中提供的大部分音乐都有"自动踩点"功能,但笔者使用过程中发现,会有一些音乐的自动踩点并不准确。这就需要在自动添加节拍点后试听一下,检验其是否准确。如果不准确,则需要进行手动调整,避免根据错误的节拍点编辑片段时长。

❹ 移动时间轴，找到人物姿态、表情出色的时间点，并点击界面下方的"定格"选项，生成定格画面，如图10-75所示。

❺ 选中定格画面之后的片段，将其删除即可，如图10-76所示。

❻ 选中定格画面之前的片段，拖动其左侧的白框，使该片段与定格画面的衔接处与节拍点对齐，如图10-77所示。

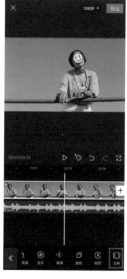

图 10-75

图 10-76

图 10-77

步骤二：营造色彩对比并抠出画面中的人物

接下来需要营造出定格画面与之前动态画面的反差，从而突出画面中的人物。具体方法如下所述。

❶ 选中"定格画面"并点击界面下方的"复制"选项，如图10-78所示。

❷ 接下来将复制出的定格画面切到画中画轨道。但如果直接选中该片段进行操作，会发现"切画中画"选项是灰色的，无法使用。所以需要先点击界面下方"画中画"选项，随意导入一段素材，然后再选中复制得到的定格画面，并点击界面下方的"切画中画"选项，如图10-79所示。

❸ 将之前随意添加至画中画轨道的素材删除，长按画中画轨道中的定格画面，使其首尾与主视频轨道的定格画面的首尾对齐，如图10-80所示。

小提示： 只有当剪映中没有添加任何画中画时，选择主视频轨道的素材，"切画中画"选项才会是灰色的，所以在随意添加一个画中画素材后，"切画中画"选项就会变为可选状态。另外，笔者在后续的使用过程中发现，其实只要点击一下"画中画"选项，然后不要点击"新增画中画"，而是选中希望"切画中画"的素材，此时"切画中画"选项依然会变为可使用状态。

图10-78　　　　　　　　　　　图10-79　　　　　　　　　　　图10-80

❹ 选中主视频轨道的定格画面，点击界面下方的"滤镜"选项，为其添加"风格化"分类下的"牛皮纸"效果，如图10-81所示。

❺ 选中画中画轨道的定格画面，并点击界面下方的"智能抠像"选项，此时画面背景变为黑白，而人物依然为彩色，如图10-82所示。

❻ 选中画中画轨道素材，将时间轴移动到该片段开头位置，点击◇图标，打上一个关键帧，如图10-83所示。

❼ 移动时间轴至画中画轨道素材中间偏后的位置，并选中该素材，将画面中的人物适当放大，最好可以遮住背景处的黑白人物，如图10-84所示。此时剪映会自动在放大人物画面的地方打上一个关键帧。

图10-81　　　　　　　图10-82　　　　　　　图10-83　　　　　　　图10-84

步骤三：输入介绍文字并强化视频效果

人物定格后，需要让画面中显示该人物的相关信息，所以需要添加文字。另外，为了让视频效果更出色，需要利用"动画"及"特效"进行修饰。具体方法如下所述。

❶ 依次点击界面下方的"文字"和"新建文本"选项，输入介绍性文字，如图10-85所示。

❷ 选中文字后，点击界面下方的"样式"选项，设置字体为"新青年体"，再点击"排列"选项，适当增加"字间距"，如图10-86所示。

❸ 确定文字的大小和位置，并调整文字轨道的首尾，使其与定格画面首尾对齐，如图10-87所示。

图10-85

图10-86

图10-87

❹ 选中文字轨道，点击界面下方的"动画"选项，为其添加"入场动画"中的"弹入"效果，如图10-88所示。

❺ 选中画中画轨道，点击界面下方的"动画"选项，为其添加"入场动画"中的"轻微抖动"效果，并适当增加动画时长，如图10-89所示。

❻ 点击界面下方的"特效"选项，选择"漫画"分类下的"冲刺"效果，如图10-90所示。

❼ 调整特效轨道的位置，使其首尾与定格画面首尾对齐，如图10-91所示。

❽ 至此，一个综艺感的人物出场效果就制作完成了。接下来就是重复以上操作，将另外2个人物素材也处理为类似的效果即可。

小提示： 在制作另外2个人的出场效果时，文字及画中画轨道素材的动画可以有所变化，从而让效果更丰富。但特效则建议均选择"漫画"分类下的"冲刺"系列，让几个人物的出场在不同中又有一定统一性。

| 图 10-88 | 图 10-89 | 图 10-90 | 图 10-91 |

10.5 俄罗斯方块变身效果教学

本案例将通过绿幕素材形成俄罗斯方块逐渐拼出漫画人物的效果，并且在拼出完整的漫画人物后，再由漫画变为真人照片。整个视频虽然时间不长，但始终保持着一定的陌生感，可以对观众形成一定的吸引力。而且有了俄罗斯方块绿幕素材，无论任何画面，都可以制作出类似效果。

步骤一：利用绿幕素材实现俄罗斯方块动画效果

将俄罗斯方块绿幕素材与准备好的照片素材进行合成，即可实现相应的动画效果。具体方法如下所述。

❶ 将照片素材导入剪映，点击界面下方的"比例"选项，设置为9:16，并适当放大图片，使其充满整个画布，同时还要注意画面构图，尽量让画面美观，如图10-92所示。

❷ 依次点击界面下方的"画中画"和"新增画中画"选项，将俄罗斯方块绿幕素材添加至剪映，如图10-93所示。

| 图 10-92 | 图 10-93 |

❸ 将绿幕素材放大，使其刚好充满整个画面，如图 10-94 所示。

❹ 移动时间轴至俄罗斯方块充满整个画面的时间点，并保持时间轴位置不变。选中主视频轨道，并点击界面下方的"分割"选项，再将分割出的后半段素材删除，如图 10-95 所示。对画中画轨道素材亦做相同的处理。

❺ 选中绿幕素材，点击界面下方的"色度抠图"选项，如图 10-96 所示。

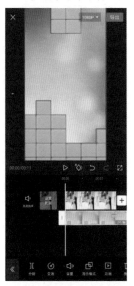

图 10-94

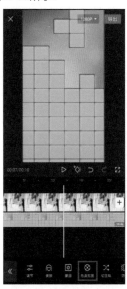

图 10-95

图 10-96

❻ 将取色器选择在绿色部分，如图 10-97 所示。

❼ 然后选择"强度"选项，直接将滑动条拉动至最右侧即可，如图 10-98 所示。

❽ 选择"阴影"选项，略微提高一点阴影参数值，让俄罗斯方块边界更平整，如图 10-99 所示。

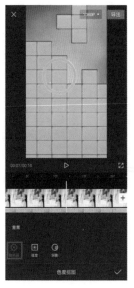

图 10-97

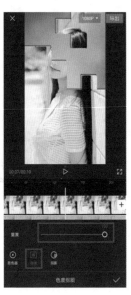

图 10-98

图 10-99

步骤二：实现从漫画图片变化为真人照片的效果

接下来制作让俄罗斯方块逐渐拼成一张漫画图片，再变化为真人照片的效果。具体方法如下所述。

❶ 选中人物照片素材，点击界面下方的"漫画"选项，如图10-100所示。

❷ 选择"日漫"效果，画面中的人物即变成漫画风格，如图10-101所示。

❸ 选中主视频轨道素材，点击界面下方的"复制"选项，得到一段新的图片素材，如图10-102所示。

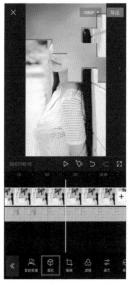
图10-100

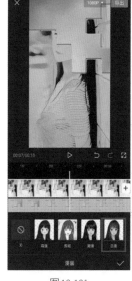
图10-101

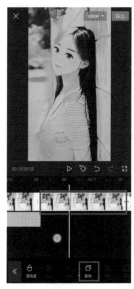
图10-102

❹ 选中这段复制得到的素材，再次点击界面下方的"漫画"选项，并选择"无"，从而恢复其真人照片的状态，如图10-103所示。这样操作的好处在于，真人照片与漫画效果画面无论是构图还是人物大小均是完全相同的，可以让变身效果更突出。

❺ 点击界面下方的"特效"选项，为其添加"Bling"分类下的"闪亮登场Ⅱ"特效，如图10-104所示。

图10-103

图10-104

❻ 点击界面下方的"新增特效"选项，添加"光影"分类下的"彩虹光 Ⅱ"效果，如图 10-105 所示。

❼ 为漫画画面与真人照片之间添加转场效果，选择"特效转场"分类下的"横线"效果，如图 10-106 所示。

图 10-105

图 10-106

步骤三：加入背景音乐并确定轨道在时间线中的位置

为了让变身的瞬间正好位于音乐的节拍点，所以添加背景音乐后，才能确定各个轨道的具体位置。具体方法如下所述。

❶ 依次点击界面下方的"音频"和"音乐"选项，选择"浪漫"分类下的"说我爱你的一百种方式"作为背景音乐，如图 10-107 所示。

❷ 通过试听，对背景音乐进行"掐头去尾"，只保留需要使用的部分，如图 10-108 所示。

❸ 选中音频轨道，点击界面下方的"踩点"选项，手动为其添加变身时的节拍点，如图 10-109 所示。

图 10-107

图 10-108

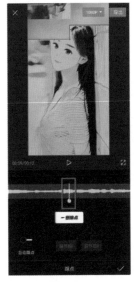

图 10-109

❹ 为了让俄罗斯方块素材动画中最后一块出现在画面的时间与节拍点（也就是变身时刻点）刚好同步，需要对素材进行加速处理。选中绿幕素材，点击界面下方的"变速"选项，选择"常规变速"，并设置为"1.1x"，如图10-110所示。

❺ 在变速后，绿幕素材依然比节拍点长一点，那么此时就干脆从素材前端分割，并删除部分片段，如图10-111所示，使素材结尾刚好与节拍点对齐。

❻ 接下来选中主视频轨道的漫画部分，拉动右侧白框，使转场效果与节拍点对齐，如图10-112所示。

> **小提示：** 让绿幕素材与节拍点同步的操作，其实也可以直接从绿幕素材的开始一端进行裁剪，这样就无需再进行变速的操作。但本案例这样操作会导致作为一大看点的俄罗斯方块逐渐拼成完整画面的动画过少，所以笔者并没有采取这种方法。

图10-110

图10-111

图10-112

❼ 点击界面下方的"特效"选项，将两个特效的首尾分别与转场末端和视频末端对齐，如图10-113所示。

❽ 最后添加一个贴纸效果，让变身后的画面更丰富。点击界面下方的"贴纸"选项，添加"边框"分类下的贴纸，如图10-114所示。贴纸轨道的位置与上述特效轨道位置相同。

图10-113

图10-114

第11章

手机视频拍摄必会基础

11.1 拍出稳定画面的方法

除非为了营造主观效果而故意让视频画面抖动，否则稳定的画面定然会带来更好的观看体验。很多摄友在刚开始使用手机拍视频时，画面经常抖动得比较厉害，下面这2个方法就能教您拍摄出稳定的视频。

使用正确的持机姿势

如果您拍摄的照片总是"糊"的，这除了与拍摄时的光线有关系（比如说光线比较暗）以外，还有可能是因为没有使用正确的拍摄姿势。

稳定的横拿手机方式：采用横幅构图时，可以用双手握住手机，以保持手机稳定，如图11-1所示。

不稳定的横拿手机方式：单手拿住手机一侧，很容易拍出模糊画面，如图11-2所示。

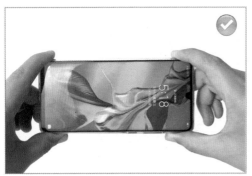

图11-1

图11-2

稳定的竖拿手机方式：左手握住手机，并且用大拇指按下音量按键以释放快门，如图11-3所示。

不稳定的竖拿手机方式：右手持机，无论是按下音量键还是按下快门键都可能导致手机不稳，如图11-4所示。

图11-3

图11-4

> **小提示：** 由于手机图像处理速度的限制，在按下快门按钮后一定不要立刻移动手机，否则拍出来的照片有可能发虚。应该在按下拍摄按钮后继续稳定持机2~3秒，给手机处理照片的时间。

使用外置设备稳定手机

　　虽然目前高端安卓和苹果手机大多具有视频防抖功能，但其作用依然有限，此时就需要使用外置设备来对手机进行固定，以尽量减少拍摄过程中产生的抖动。

图11-5

三脚架

　　三脚架是最常用的稳定相机的设备。随着手机摄影的兴起，市场上也出现了很多手机摄影专用的三脚架，它们更小巧，也更灵活。

　　如图11-5所示的八爪鱼手机三脚架，与传统三脚架相比，可以将手机固定在更多的位置上。还有集自拍杆与三脚架于一身的设备，使用起来更方便，如图11-6所示。

　　对于固定机位的视频拍摄而言，通过三脚架固定手机，可以确保画面几乎没有抖动。

图11-6

稳定器

　　在固定机位拍摄时适合使用三脚架，而当需要移动手机拍摄时，就需要使用稳定器了，如图11-7所示。稳定器不但能够实现相对平稳的运镜，在其App支持所用手机的情况下，还可以实现快速更改相关拍摄设置及匀速变焦等功能。

图11-7

线控耳机

　　带线控的耳机可以通过按耳机上的接听按键或者音量键实现视频拍摄，如图11-8所示，从而避免用手指按快门按钮时造成抖动。

图11-8

11.2 掌握手机对焦及测光的基本操作

对焦位置要正确

拍摄清晰的视频，除了要用各种方法保证手机的稳定性外，还要确保对焦位置是正确的。

用手机进行对焦很简单，只要在用手机拍照的时候用手指触碰一下屏幕，就会看到屏幕上出现一个黄色圆圈，如图11-9所示。该圆圈的作用就是对其所框住的景物进行自动对焦和自动测光。也就是说，在这个黄色圆圈范围内的画面都是清晰的；在纵深关系上，焦点前后的景物会显得稍微模糊一些。

在拍摄时一定注意点击的位置是否为希望对焦的位置。如果发现位置不准确，就需要重新点击屏幕进行对焦。比如图11-10的照片就对焦到了背景花卉，导致主体模糊。

图11-9

图11-10

好在手机的CMOS尺寸一般都比较小，所以景深往往会比较大。在录制视频时，对某个较远的区域对焦后，其附近的区域也会保持清晰。所以在运镜范围不大，并且希望能拍清晰的景物距离手机较远的情况下，不需要担心手机的对焦问题。比如图11-11所示照片在对准热气球进行对焦后，周围的景物也都是清晰的。

目前手机在拍摄那些运动范围很大、速度又较快的景物时，对焦系统还无法保证能够准确跟焦。但部分高端手机在视频录制模式下，会自动识别画面中的人物并进行对焦，在录制运动中的人物时，可以提升准确合焦的概率。

图11-11

常用的锁定对焦和曝光操作

手机录制视频有一个特点，就是在非专业模式下，处于对焦位置的景物如果发生变化，手机会自动重新对焦并测光。这就导致在拍摄动态画面时，被摄景物的小范围移动可能会触发手机重新对焦，就会导致画面一会儿模糊、一会儿清晰的情况出现。

因此，当手机与被摄景物的距离不会发生较大变化时，为了保证画面持续清晰及亮度相对统一，常常需要在开始录制前就对被摄景物对焦，并锁定对焦和曝光。这样无论手机和被摄物如何移动（只要距离不发生太大变化），并且光线稳定，画面就会始终清晰，亮度也会始终保持不变。

锁定对焦和曝光的操作其实非常简单，只需要在对焦后，长按对焦框，即可激活对焦和曝光锁定，如图11-12所示。

图11-12

测光位置要合适

使用手机录制视频时，用手指触碰屏幕会出现一个小方框（苹果手机，其他品牌手机可能显示形状不同，但基本都有此功能），这个小方框的作用就是对其框住的景物进行自动测光。当点击屏幕上亮度不同的地方或景物时（小方框的位置也会随之改变），照片整体的亮度会跟着发生变化。

如果想要调整画面的亮度，可采取如下方法。

若想拍出较暗的画面效果，可对准浅白色（较亮）的物体进行测光，也就是说要将方框移动到浅白色（较亮）的物体上。比如对准天空中的白云测光，整体画面就会偏暗，如图11-13所示。

若想拍出较亮的画面效果，则可对准深黑色（较暗）的物体进行测光，也就是说要将方框移动到深黑色（较暗）的物体上。比如对准较暗的水面进行测光，拍出的画面就会比较亮，如图11-14所示。

图11-13

图11-14

上下滑动快速调整亮度

在录制视频时，由于手机只能根据对焦框范围内画面亮度来确定整个画面的曝光，所以在拍摄明暗不均的场景时，很难通过选择某一对焦位置就正好得到理想的画面亮度，这时就需要通过曝光补偿来进行调整。

曝光补偿听起来是很专业的词语，其实意思就是指调整画面的亮度，如果希望画面亮一些就加曝光补偿，如果希望画面暗一些就减曝光补偿。

无论安卓手机还是苹果手机，其简易曝光补偿功能使用起来都非常方便。在视频录制模式下，当点击画面进行对焦和测光时，黄色圆圈附近会出现一个小太阳，如图11-15所示。此时向上滑动即可增加画面亮度，效果如图11-16所示；向下滑动即可减少画面亮度，效果如图11-17所示。

需要注意的是，如果需要锁定对焦和曝光进行视频拍摄，那么应该在长按对焦框进行锁定后，再上下滑动调整亮度。此时，除非手动调节曝光补偿，否则手机不会自动调整曝光。

由于苹果手机和安卓手机在快速调整画面亮度时的操作方法及界面几乎完全一样，本节仅以安卓手机为例展示操作方法。

图11-15

图11-16

图11-17

11.3 理解并设置视频拍摄参数

认识视频分辨率

视频分辨率指每一个画面中能显示的像素数量，通常以水平像素数量与垂直像素数量的乘积或单独以垂直像素数量表示。通俗地理解就是，视频分辨率数值越大，画面就越精细，画质就越好。

以"1080p HD"为例，"1080"就是垂直像素数量，用以标识分辨率数值；"p"代表逐行扫描各像素；而"HD"则代表高分辨率。只要垂直像素数量大于720，就可以被称为高分辨率视频或高清视频，并可带上HD标识。但由于4K视频已经远远超越了高分辨率的要求，所以反而不会带有HD标识。

认识fps

通俗来讲fps就是指一个视频里每秒展示出来的画面数。例如，一般电影是以每秒24张画面的速度播放，也就是1秒内在屏幕上连续显示出24张静止画面。由于视觉暂留效应，观众看到的画面是动态的。

很显然，每秒显示的画面数多，视觉动态效果就流畅；反之，如果画面数少，观看时就会有卡顿感觉。

学会视频拍摄参数设置方法

安卓手机点击录制界面的◉图标，选择"分辨率"选项，如图11-18所示，即可对分辨率和帧率（即fps）进行设置，设置界面如图11-19所示。

苹果手机在"设置"菜单中选择"相机"，然后点击"录制视频"选项，如图11-20所示，随后即可设置分辨率和帧率，设置界面如图11-21所示。

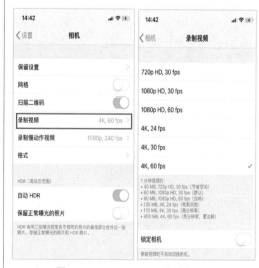

图11-18　　　　图11-19　　　　图11-20　　　　图11-21

11.4　掌握必备美学基础——构图

为什么构图对于视频美感而言格外重要

广义上的构图是指通过构思，寻找拍摄角度，选择拍摄对象，运用调整影调、色彩、明暗、虚实等手段，对真实的三维世界进行取舍和加工，从而形成富有表现力的画面的过程。

狭义上的摄影构图是指在拍摄中对画面的布局、结构和效果的安排与把握，也就是把点、线、面、空间、形状等通过一定的技术手段及技巧进行有机结合，在深化表现主题的前提下，使画面更有美感。

整个视频拍摄的过程，有一点需要不断进行调整和思考的，就是构图，原因在于一段视频可以被看作是由多张连续变化的图片组合而来，那么视频画面的美感，就来源于组成视频的每一张"图片"。一部精美的视频，其每一帧的构图都应该经得起推敲。虽然对于各位刚刚接触视频拍摄的读者而言，这个要求显然过高，但我们依然应该在拍摄时，时刻注意构图的基本原则，也就是主体是否在画面中足够突出。

例如图11-22所示的画面，在拍摄时要利用好场景中的灯光线条，将其纳入画面不但可以增添形式美感，还可以让主体更突出。另外，如果需要运镜拍摄，则应该向左侧运镜，从而让主体与汇聚性线条的关系更紧密，强化形式美。

图11-22

吸引大家目光的主体一定要突出

　　主体即指拍摄中所关注的主要对象，是画面构图的主要组成部分，也是集中观者视线的中心和画面内容的主要体现者，如图11-23所示。

　　主体可以是单一对象，也可以是一组对象；可以是人，也可以是物。

　　主体是构图的中心，画面构图中的各种元素都要围绕着主体展开，因此，主体有两个主要作用，一是表达内容，二是构建画面。

图11-23

让主体更美的陪体，不能喧宾夺主

　　所谓陪体，是相对于主体而言的。一般来说陪体分为两种，一种是和主体一致或加深主体表现，来支持和烘托主体；另一种是和主体相互矛盾或背离的，拓宽画面的表现内涵，但其目的依然是强化主体。

　　陪体必须是画面中的陪衬，用以渲染主体。陪体在画面中的表现力不能强于主体，不能本末倒置。

　　例如图11-24所示的画面，就是通过陪体来支持和烘托主体。如果没有枯黄的落叶作为前景，画面的空间感和深秋的氛围感就会大打折扣。

图11-24

常用构图法之三分法构图

三分法构图是黄金分割构图法的一个简化版，它是以3×3的网格对画面进行分割，主体位于任意一条三分线或交叉点上都可以得到突出表现，且给人以平衡、不呆板的视觉感受。图11-25中的花卉就是利用三分法构图拍摄的。

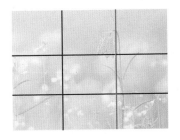

现在大多数手机都有网格线辅助构图功能，可以帮助我们很快地进行三分法构图。

图11-25

常用构图法之曲线构图

S形曲线构图是通过调整拍摄的角度，使所拍摄的景物在画面中呈现S形曲线的构图手法。由于画面中存在S形曲线，因此，其弯曲所形成的线条变化能够使观众感到趣味无穷，这也正是S形曲线构图照片的美感所在。

如果拍摄的题材是女性人像，可以利用合适的摆姿使画面呈现漂亮的S形曲线。

在拍摄河流、道路时，也常用S形曲线构图手法来表现河流与道路蜿蜒向前的感觉，如图11-26和图11-27所示。

图11-26

图11-27

常用构图法之对称构图

对称构图是指画面中的两部分景物以某一根线为轴，轴的两侧在大小、形状、距离和排列等方面均平衡、对等的一种构图形式。

通常采用这种构图形式来拍摄能表现出拍摄对象左右（上下）对称的画面。有些拍摄对象本身就有左右（上下）对称的结构，比如图11-28所示的通道。因此，摄影中的对称构图实际上是对生活中对称美的再现。

还有一种对称构图是由主体与其在反光物体中的虚像形成的对称，这样的画面能给人带来协调、平静和秩序感。

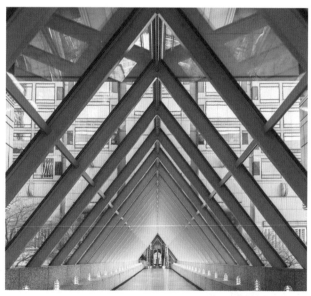

图11-28

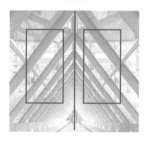

常用构图法之框式构图

框式构图是指借助于被摄物自身或者被摄物周围的环境，在画面中制造出框形的构图样式，以将观者的视点"框"在主体上，使其得到观者的特别关注。如图11-29所示就是利用滑梯，将小女孩"框住"，进而在画面中得以突显。

"框"的选择主要取决于其是否能将观者的视点"框"在主体之上，而并不一定非得是封闭的"框"。除了使用门、窗等框形结构外，树枝、阴影等开放的、不规则的"框"也常常被应用到框式构图中。

图11-29

常用构图法之透视牵引构图

透视牵引构图能将观者的视线及注意力有效牵引，并聚集在画面中的某个点或线上，形成一个视觉中心。不仅对视线具有引导作用，还可大大加强画面的视觉延伸性，增加画面空间感，如图11-30所示。

画面中相交的透视线条所成的角度越大，画面的视觉空间效果越显著。因此，拍摄时的镜头视角、拍摄角度等都会对画面透视效果产生影响。例如，镜头视角越广，越可以将前景更多地纳入画面，从而加大画面最近处与最远处的差异对比，获得更大的画面空间深度。

图11-30

11.5 掌握必备的美学基础——用光

善于表现色彩的顺光

当光线照射方向与手机拍摄方向一致时，这时的光即为顺光，如图11-31所示。

在顺光照射下，景物的色彩饱和度很高，拍出来的视频通透、颜色亮丽，例如可以拍摄出颜色鲜艳的花卉，如图11-32所示。

很多摄影初学者很喜欢在顺光下拍摄。顺光除了可以拍出颜色亮丽的画面外，因没有明显的阴影或投影，所以很适合拍摄女孩子，使其脸上没有阴影。

但顺光也有不足之处，即在顺光照射下的景物受光均匀，没有明显的阴影或者投影，不利于表现景物的立体感与空间感，画面较呆板乏味。

为了弥补顺光的缺点，让画面层次更加丰富，可考虑例如在画面中纳入前景来增加画面层次，或利用明暗对比，以深暗的主体景物配明亮的背景或前景，或者以明亮的主体景物配深暗的背景拍摄。

图11-31

图11-32

善于表现立体感的侧光

当光线照射方向与手机拍摄方向成90°角时,这种光线即为侧光,如图11-33所示。

侧光是风光摄影中运用较多的一种光线。这种光线非常适合表现物体的层次感和立体感,原因是侧光照射下,景物的受光面在画面上构成明亮部分,而背光面形成阴影部分,明暗对比明显。

景物处在这种照射条件下,轮廓比较鲜明,纹理也很清晰,立体感强。用这个方向的光线进行拍摄,最易出效果,很多摄影爱好者都用侧光来表现建筑物、山峦等景物的立体感,如图11-34所示。

图11-33

图11-34

逆光环境的拍摄技巧

　　逆光就是从被摄景物背面照射过来的光，被摄主体的正面处于阴影部分，而背面处于受光面。

　　在逆光下拍摄的景物，如果让主体曝光正常，较亮的背景则会过曝；如果让背景曝光正常，那么主体往往很暗，缺失细节，形成剪影，如图11-35所示。

　　所以，逆光下拍摄剪影是最常见的拍摄方法。拍摄时要注意以下两点。

　　第一，逆光拍摄时需要特别注意，强烈的光线进入镜头会在画面上产生眩光。为了避免眩光长时间出现在画面中，建议采用移动手机的方式进行视频录制，形成眩光在画面中从出现到消失的过程，增加画面美感。

　　第二，拍摄剪影时，测光位置应选择在背景相对明亮的位置上，以图11-36为例，对画面中的天空进行测光即可。若想剪影效果更明显，可以适当减少曝光补偿。

图11-35

图11-36

用软光表现唯美画面

软光实际上就是没有明确照射方向的光，如阴天、雾天的天空光或者添加柔光罩的灯光。

这种光线下所拍摄的画面没有明显的受光面、背光面和投影关系，在视觉上明暗反差小，影调平和，适合拍摄唯美画面。例如，在人像拍摄中常用散射光表现女性柔和、温婉的气质和娇嫩的皮肤质感，如图11-37所示。实际拍摄时，建议在画面中制造一点亮调或颜色鲜艳的视觉趣味点，使画面更生动。

图11-37

用硬光表现有力度的画面

当光线没有经过任何介质散射，直接照射到被摄体上时，这种光线就是硬光，其特点是明暗过渡区域较小，给人以明快的感觉。

直射光的照射会使被摄体产生明显的亮面、暗面与投影，因而画面会表现出强烈的明暗对比，从而增强景物的立体感。非常适合拍摄表面粗糙的物体，特别是在塑造被摄主体"力"和"硬"的气质时，可以发挥直射光的优势，如图11-38所示。

图11-38

第12章

10大常见短视频拍摄思路

12.1　课堂讲授式教学类短视频拍摄思路

在抖音和快手平台有很多课堂讲授式教学类视频。由于此类视频主要以分享知识和技巧为主，所以其看点主要在于内容是否实用，而对于画面是否美观、是否有精彩的特效则没有过多要求。

真人出镜教学类视频的拍摄思路主要有以下6点。

❶ 用三脚架固定好机位，确保画面在整个录制过程中均保持稳定。

❷ 为了营造稳定的光线，最好通过遮光窗帘遮住不断变化的自然光，然后利用常亮灯打亮人物和场景。当然，如果不需要画面具有稳定的亮度，也可以使用自然光进行拍摄。

❸ 此类视频最好具有两盏常亮灯，一盏灯放在人物侧前方，另一盏灯则放在另外一侧，并且距离稍远，用来营造面部既均匀又有变化的影调，如图12-1所示。

图12-1

❹ 点击手机屏幕中人脸的位置并长按，将对焦和曝光锁定。然后适当调节曝光补偿，使画面亮度正常。这样可以确保画面亮度在教学过程中几乎不会发生变化。

❺ 为了避免场景过于单调，建议在周围布置些与教学内容相关的景物作为陪体。比如图12-2中老师正在讲解单反相机拍摄相关技巧，所以在桌面上摆上了摄影书及电脑作为陪体。

❻ 为了突出个人特点，可以利用一些搞怪的道具，比如图12-3中的讲师就是以讲课时拿两把刷子而被很多观众记住。另外，在讲课时的表情也可以夸张一些，令画面更生动。

图12-2

图12-3

12.2　垂直俯拍绘画类短视频拍摄思路

绘画类视频可以清晰记录下整个绘画的过程，画面中只出现手和画纸，且几乎看不出任何畸变。

绘画类视频的拍摄思路主要有以下5点。

❶ 需要准备一个俯拍支架，如图12-4所示。将手机垂直固定在画纸正中心的上方，仔细调节拍摄杆的高度和手机焦距，确保整张画纸刚好出现在画面中。

❷ 如果俯拍支架带有环形灯则可以打亮画纸，避免画纸出现手机的阴影。如果俯拍支架不带环形灯，则需要从手机两侧对画纸进行打光，同样可以避免阴影出现，如图12-5所示。

❸ 对画纸进行对焦，并长按对焦框，锁定对焦和曝光。适当提高曝光补偿，还原白纸应有的白色。但注意不要过曝，要能清晰地看到纸面的细节，如图12-6所示。如果是在平板上绘画，由于平板本身具有一定亮度，而且在上方补光可能会形成光斑，因此就不需要补光灯了，如图12-7所示。

❹ 绘画过程录制完成后记得后期对视频进行加速处理，避免画面过于枯燥。

图12-4

图12-5

❺ 当然，垂直俯拍不仅适合绘画类视频拍摄，也适合用于拍摄手工DIY等类视频，如图12-8所示。

图12-6

图12-7

图12-8

12.3 户外多人剧情类短视频拍摄思路

抖音和快手上有很多令人捧腹大笑的剧情类短视频。这类视频的拍摄相对复杂，因为需要利用到较多的资源。

剧情类视频的拍摄思路主要有以下7点。

❶ 先设计好剧本，从而确定视频要讲述的故事。

❷ 撰写、绘画分镜头脚本，确定通过哪些画面来讲述故事。由于短视频的节奏往往比较快，所以注意控制每个画面的时长，基本在3秒左右一个画面为宜。

❸ 寻找合适的演员，可以是亲朋好友，也可以雇模特进行拍摄。

❹ 准备服装、道具、场地，要注意与剧情的设定相匹配，比如图12-9所示的服装和道具就是专为剧情而准备的。

❺ 为了让画面更稳定，建议拍摄时使用稳定器。

❻ 在户外拍摄很容易产生风噪，建议使用降噪麦克风或后期配音。

❼ 在夜晚拍摄时，注意利用路灯或者街边商铺的灯光打亮人物。有条件的朋友，可以通过室外常亮灯对人物进行补光，如图12-10所示。白天则要尽量在光线均匀的环境，比如树荫下，拍摄如图12-11所示，防止面部出现强烈的明暗对比。

图12-9

图12-10

图12-11

173

12.4　不懂技术也能拍出高端带货短视频

在一些带货视频中，在主播身后总是会同步出现相关产品的画面，既突出了产品，又让观众感觉很高大上。

这种效果的拍摄思路主要有以下5点。

❶ 搭建绿幕背景，并且保证背景平整，同时左右各一盏灯，如图12-12所示，将绿幕均匀打亮，实景布置如图12-13所示。

❷ 购买相关直播软件，即可选择海量不同背景。

❸ 准备至少一盏常亮的灯打亮人物和产品。

❹ 固定手机，对人物面部进行对焦，并长按对焦框锁定对焦和曝光。同时，注意产品是否也能保持清晰。如果产品不清晰，则需要出镜人员在介绍产品时，将其更靠近自己，如图12-14所示。

❺ 如果使用绿幕，则要注意介绍的产品及讲解人员的服装不能是绿色或黄色的。相应地，如果使用蓝幕，则要注意产品和着装不能是蓝色的。比如图12-15的背景就是通过绿幕抠像生成的，所以主播的服装不能带有绿色的元素。

图12-12

图12-13

图12-14

图12-15

12.5　秀色可餐的美食类短视频拍摄思路

美食类视频不但要尽量表现出食物的色香味，还要将制作美食的每个步骤都在视频中有所展示，所以一段美食类视频往往需要拍摄数量较多的素材。

美食类视频的拍摄思路主要有以下4点。

❶ 拍摄前要列清楚整个制作过程需要哪些步骤，这样就可以在制作美食的过程中，从容不迫地对各个环节进行拍摄。

❷ 不需要对制作美食的全程进行拍摄，只需要在每个步骤处，单独拍摄一段素材即可。比如图12-16所示的切豆皮这一步骤，只需要拍摄切几下豆皮的画面即可。而对于切完豆皮将其装在盘子里等画面则无需拍摄。

❸ 在拍摄每个镜头时，如果可以固定手机就固定手机进行拍摄，以保证画面稳定。图12-17展示的向碗中倒调料的画面就可以用固定机位拍摄。

❹ 在美食制作完成后，往往需要对其进行近景或特写的拍摄，从而表现其色香味。此时，可以用筷子或者勺子盛起美食进行展示，增加观众的食欲，如图12-18所示。在拍摄美食近景时，水蒸气可能会让镜头产生一层雾，这时建议稍稍变焦，从而不但能拍出清晰的画面，还能拍出热腾腾的感觉，如图12-19所示。

图 12-16

图 12-17

图 12-18

图 12-19

12.6 可爱宠物短视频拍摄思路

宠物类视频的拍摄并不像各位所想的那么难，这是因为宠物不害怕主人，而且主人也了解宠物在什么情况下会有何种反应。宠物视频的有趣之处更多在于拍摄者对宠物行为的"拟人化"。

宠物视频的拍摄思路主要有以下4点。

❶ 和宠物互动的时候，多拿起手机拍一拍，哪怕拍的素材不能用，也可以让宠物熟悉手机、不害怕手机，如图12-20所示。

❷ 利用玩具吸引宠物的注意力，并在其玩耍时进行拍摄，如图12-21所示。

❸ 给宠物设置一些有意思的场景来拍摄它们的反应，比如常见的让它们照镜子，或者用遥控玩具车逗一逗它们。也可以像图12-22这样，用胶带做成一个"格挡"来拍摄它们对此的反应。

❹ 宠物视频能否吸引观众，除了宠物本身要可爱之外，还要看拍摄者的脑洞够不够大，能不能将其行为"拟人化"。拍摄者可以根据宠物行为编一段其内心"独白"，来让其显得有灵性。比如图12-23所示的画面仅仅是一只狗狗蹲坐在那里，而拍摄者却编了一段内心独白，立刻就让视频变得很有趣。

图12-20

图12-21

图12-22

图12-23

12.7　瞬间换装类短视频拍摄思路

瞬间换装类视频主要以换装前后的反差来吸引观众的眼球。其拍摄重点在于同一个人在同一个环境下，采用相同的机位和景别进行拍摄。

瞬间换装类视频的拍摄思路主要有以下7点。

❶ 准备好变身前后的服装，并且变身前的妆容最好是素颜或者淡妆，如图12-24所示。

❷ 固定好机位，并且在整个拍摄过程中不要移动机位。取景范围以半身或者大半身为主，以重点突出人物面部和着装。

❸ 对画面中人物对焦，并锁定对焦和曝光，防止人物在画面中做动作的时候导致手机重新对焦或测光。

❹ 拍摄前的动作尽量平易近人，清新可爱一些，如图12-25所示。

❺ 然后换上变装后的服装，并化上精致的妆容。

❻ 站在和变装前相同的位置，并做出酷酷的动作。同时也可以利用不同色彩的灯光（也可以在灯前加色片）进行打光，让场景更绚烂多彩，营造反差，如图12-26所示。

另外，如果想让变身的瞬间看起来更有连贯性，则可以在"变身前"快要结束和变身后刚开始时做相同的动作，这样再在后期进行拼接，可以呈现一定的连贯性。

❼ 如果进行多次换装，则可以做成服装带货视频，也颇有新意。

图12-24

图12-25

图12-26

12.8　随性、自然、接地气的旅行vlog拍摄思路

很多朋友之所以学习短视频的剪辑和拍摄，就是因为想在旅游的过程中拍些短视频，记录下旅途的风景，也记录下自己的心情。当然，有很多高大上的旅行vlog做得甚至可以媲美专业纪录片，但这往往需要专业的拍摄及剪辑。而作为短视频制作的小白，可以尝试拍出一些随性、接地气的旅行vlog，只要足够真实，同样可以获得很高的流量。

随性、自然、接地气的旅行vlog拍摄思路主要有以下6点。

❶ 不要为了画面简洁就不在街头取景。在一段vlog中出现几个街头人来人往的画面，可以大大增加vlog的代入感，让观众感觉他们也在跟着主播旅行，如图12-27所示。

❷ 当自己出镜时，让脑袋离镜头近一些，可以表现出真诚、不做作的画面效果，如图12-28所示。

❸ 画面中出现一些与当地人交谈的画面，听听当地人说话，也是让vlog显得更接地气的有效方法，如图12-29所示。

❹ 不必特别在意镜头的晃动，尤其是在移动拍摄并表现主观视野范围内的景物时，略微晃动的镜头可以让画面显得更真实。

❺ 要拍摄一些在交通工具内或走路时的特写，表现"在路上"的视觉感受，如图12-30所示。

❻ 最后注意拍摄时要保证面部的对焦及亮度正常。很多手机在视频录制时都有人脸识别功能，记得将其开启。

图12-27

图12-28

图12-29

图12-30

12.9 可爱萌娃短视频拍摄思路

　　每个孩子都是天真可爱的，在拍摄他们的时候，千万不要要求他们，指挥他们怎么做。只要陪他们玩耍，记录下其真实的状态，往往就能拍出不错的视频。

　　可爱萌娃视频拍摄的思路主要有以下5点。

　　❶ 尽量采用平视角度进行拍摄，这样既可以让视频画面具有一定陌生感，还可以让画面中的孩子更突出，如图12-31所示。

　　❷ 视频中出现孩子的声音，可以让视频更有童趣。

　　❸ 可以设计一个小游戏，然后记录孩子在游戏中有趣的表现，比如图12-32所示即为在"捉迷藏"过程中出现的有趣一幕。

　　❹ 为了表现孩子天真活泼的一面，建议在光线较好的房间进行拍摄，因为明亮的画面可以更好地衬托出他们的天真无邪，如图12-33所示。

　　❺ 如果想拍摄孩子有趣的表情，可以问一些刁难他们的问题，并利用特写突出表情，如图12-34所示。

图 12-31

图 12-32

图 12-33

图 12-34

12.10　爆火游戏推广类短视频拍摄思路

游戏推广类视频中的"游戏"部分，其实是录屏后得到的素材，并不是拍摄到的。高流量、推广效果好的游戏视频，往往要有一定剧情作为衬托，然后在剧情发展过程中，自然带出所要推广的游戏，从而让更多观众对视频中的游戏感兴趣。

爆火游戏推广类视频的拍摄思路主要有以下8点。

❶ 根据推广的游戏准备好剧本，并让游戏的出现符合剧情逻辑。

❷ 制作分镜头脚本，为拍摄做好准备。

❸ 在拍摄时注意表现人物的表情，让画面更有感染力，如图12-35所示。

❹ 当要引入游戏时，注意务必要拍摄一个拿起手机开始玩的画面，如图12-36所示。

❺ 如果视频画面只在两个人之间切换，则可固定手机进行录制，以避免画面晃动。

❻ 剧情部分录制完成后，游戏部分直接通过手机的"录屏"功能进行录制即可。在录制过程中记得对游戏进行简单的介绍，如图12-37所示。

❼ 游戏录屏部分最好将其重要的、最核心的玩法及特点进行展示，从而提高对观众的吸引力。

❽ 最后，通过后期将剧情素材与手机录屏素材进行合成即可。

图12-35

图12-36

图12-37

第13章

掌握基本运营技巧
实现视频价值

13.1　万事开头难——运营从"养号"开始

搞懂养号的基本原则

无论是做视频自媒体还是直播带货，一个有权重的账号是最基础的要求，所以咱们首先重点讲一下，如何去养成一个有权重的账号。

在实名注册一个账号之后，我们要通过一系列的操作，将这个账号培养成为一个在平台上面能够获得正常推荐的账号，这种过程我们把它称为养号。

在这个过程中我们有若干个操作步骤，由于平台有些规则不是很明确，所以我们在操作的时候，可能会有意无意地犯规。

要把握住一个事物的发展规律，一定要了解它的底层逻辑，养号这个操作其实也是一样的。如果说我们清楚了平台的底层逻辑，我们就知道应该做什么，不要做什么。

这个底层逻辑其实说穿了就一句话，就是我们要像一个自然人一样去操作这个账号，如图13-1所示。

那么什么是自然人呢？对于平台来说，自然人就是一人拥有一个账号，有正常的工作、休息时间，在休息的时候偶尔会刷视频，在刷视频的时候还会互动、留言、点赞、转发。

那么为什么很多工作室在去养号的时候看上去不像自然人，如图13-2所示，因为他们同时注册几个，甚至几十、上百个账号，养号、卖号已经形成了一条非常成熟和完整的产业链，而平台对于这种行为其实是打压的。

所以你的账号一旦被平台判定为属于刻意的养号机构，并不是一个自然人账号，那么你这个账号就不可能获得正常推荐。

所以我们要去了解平台与账号之间的底层逻辑，只有这样我们才能够以不变应万变。即使平台的规则发生变化，导致我们接下来要讲的方法失效，大家也能够通过把握原则来调整自己的养号措施，避开可能出现的误区。

图 13-1

图 13-2

养号的基本步骤

养号其实很简单，只要每天刷抖音一段时间，例如每天一个小时，然后连续活跃一周就可以了。

比如，自己运营的账号是美食相关的，在系统推送美食类视频时，就不要快速划过，要多看一段时间，如图13-3所示。一开始，系统推送的视频类型是五花八门的，但经过一段时间后，会逐渐变成非常精准的美食及周边类型。

这个操作的目的是，希望系统知道你是谁，你对什么样的内容感兴趣。大家模拟正常用户的操作就可以了。

如果系统推送的视频内容比较杂乱，可以通过点击右上角的搜索小图标，进入搜索界面，输入希望看到的视频的关键词，如美食、瑜伽等，找到大量高相关性视频，从而加快这个过程，如图13-4所示。

在这个过程中，也推荐大家去相关领域的内容下面评论，可以学习一些热门的评论是怎么写的。如果有人和你互动，或者有人赞了你的评论，对于你的账号权重都将是非常有好处的，如图13-5所示。

以上操作的目的是提升3个维度。

第1个是账号活跃度，让系统知道你是抖音的活跃用户。

第2个是内容的垂直度，即让系统知道你这个账号重点关注某个垂直领域。

第3个是账号的健康度，让抖音知道你的这个账号是一个"人"在使用，而不是机器在频繁操作。

这里强调一下刷抖音时点赞一定是看完视频了再点赞，要符合逻辑。每天关注几个热门账号，看到好的视频要转发一下。评论也很重要，一条神评有时比作品更火爆，这也是一个很好的引流方式。

图13-3

图13-4

图13-5

养号的6点注意事项

实名认证

实名认证有助于提升账号的权重，认证方法如图13-6、图13-7和图13-8所示。但如果问问踩过坑的老手，他们就会告诉你，没必要一开始就对账号进行实名认证，因为实名是一个不可重生资源。

在新手刚运营一个账号时，一定会由于这样或那样的操作，触碰平台这样或那样的明规则、潜规则，此时如果账号是实名认证的，想再用此身份证注册新的账号就会遇到麻烦。

图13-6

图13-7

图13-8

导入通讯录

几乎在所有大平台注册新用户时，这些App都要求有读取用户通讯录的权限，并鼓励用户将通讯录导入App中，如图13-9所示。

这对于平台是很有帮助的，因为App可以通过通讯录进入你的联系人关系链，从而在你或你的朋友发布新的消息时，将其推送给关系密切的相关人员。这从某种程度上说对于账号的权重是非常有好处的，这是因为在你发作品的时候，你的内容也会优先推荐给你通讯录里的好友。

但需要注意的是，通讯录其实也是不可再生资源，只能导入到一个账号，如果同时运营了几个账号的话，就要对通讯录进行分割了，不能全部导入到一个账号中。

图13-9

一直连接Wi-Fi

一个真实的用户连网方式是会发生变化的，比如说在家和公司就是用Wi-Fi，而到了外面就是用4G、5G流量，相对于一直连接Wi-Fi来说，更建议有时用Wi-Fi，有时用流量，或者一直用流量浏览视频和发布视频。

因为在抖音的服务器端会记录你的连网状态，不要舍不得流量，现在各大运营商都有不错的针对App的免流量套餐。

一部设备登录多个账号

这个对于那种养了多个账号的公司或者机构来说是很容易出现的问题。因为从成本上考虑，当然一部手机登录多个账号成本是低一些，但是这个确实很容易被发现，因为对于正常的用户来说，很少有用户在一个手机上登录多个账号的，这个是很少见的。

评论一律相同

有些机构用一段已经写好的文字，反复粘贴在若干个视频底下。这样的操作也会被打上怀疑的标签。

不要频繁修改个人资料

不要频繁修改个人资料，并且在个人资料里面不要加入其他平台的信息。编辑个人资料的界面如图13-10所示。

图13-10

判断养号是否成功的方法

当你发现主页上所有推荐视频都与你感兴趣的内容高度相关，也就是说假如你是美妆这个领域的，你主页上看到的内容都是美妆相关的视频，你这个账号的标签就打上了。

另一个方法，可以用小号进入我们养的这个号的主页，点击右边的■图标，会弹出一系列推荐账号。如果这些推荐账号跟这个养的账号定位是相关的，就证明养号成功，如图13-11所示。

比如说一个健身号，点击■图标以后，显示出来的所有的推荐抖音号都是与健身相关的，就证明这个号定位成功。

图13-11

13.2 好的标题是成功的一半

由于抖音或者快手采用"自动播放"的短视频呈现方式，所以标题似乎就不是那么重要了。但在类似西瓜视频这种依然需要"点开"视频才能观看的平台上，标题起得是否吸引人，就决定了有多少人会点开这条视频，也就决定了浏览量。

在本节中，将从起标题的思路和标题的呈现形式两方面来讲解如何撰写标题。

5个写出好标题的关键点

突出视频解决的具体问题

一条视频的内容能否被观众接受，往往在于其是否解决了具体的问题。对于一条解决了具体问题的视频，就一定要在标题上表现出这个具体问题是什么。

比如科普类的视频，就可以直接将科普的问题作为标题，例如"鸭子下水前为什么要先喝口水呢？"（如图13-12所示）、"铁轨下面为什么要铺木头呢？"等；而对于护肤类产品的带货视频，则可以直接将这个产品的功效写在标题上，同样也要以解决问题为出发点，比如"油皮、敏感肌挚爱！平价洁面中的ACE来咯～"（如图13-13所示）等。

标题要留有悬念

如果你将这个视频的核心内容全部都摆在标题上了，那么观众也就没有打开视频的必要了。因此，在起标题时，一定要注意留有一定的悬念，从而利用观众的好奇心让观众去打开这条视频。

比如上文介绍的，直接将问题作为标题，其实除了突出视频所解决的问题以外，还给观众留有了一定的悬念。也就是说，如果观众不知道问题的答案，又对这个问题感兴趣，就大概率会点开视频去观看。这也从侧面解释了很多标题都以问句表现的原因所在。

但保持悬念的方法绝不仅仅只限于问句，比如"所有女生！准备好了吗？底妆界的超级网红来咯～"（如图13-14所示）这个标题，就会引起观众的好奇——"这个底妆界超级网红到底是什么"，进而点开视频观看。

图13-12　　　　　　　　　图13-13　　　　　　　　　图13-14

标题中最好含有高流量关键词

任何一个垂直领域都一定会有相对流量较高的关键词。比如主攻美食的抖音号，"家常菜""减肥餐""营养"等（如图13-15所示）都是流量比较高的词汇，用在标题里会更容易被搜索到。

另外，如果你不确定哪个关键词的流量更高，不妨在抖音搜索栏中输入几个关键词，然后点击界面中的"视频"选项，数一数哪个关键词下的视频数量更多即可。

追热点

"追热点"这一标题撰写思路与"加入高流量关键词"是有相似之处的，都是为了提高观众看到该条视频的概率。毕竟哪个话题讨论的人多，哪个话题的受众基数就会更大一些。

但二者不同之处在于，所有领域都有自己领域的高流量关键词，但并不是所有领域都能借用上当前的热点。

比如运动领域的账号去蹭明星结婚热点就不会有什么效果；而如果是育儿领域账号借用"高质量人类"的热点（如图13-16所示），不但能体现出正确育儿方式的重要性，还能"玩梗"为视频增添一分幽默。

利用明星效应

明星本身是自带流量的，通过关注明星的微博或者抖音号、快手号等，发掘他们正在用的物品或者去过的地方，然后在相应的视频中加上"某某明星都在用的……"或者"某某明星常去的……"的内容作为标题（如图13-17所示）。这样标题的视频流量一般都不会太低，但需要注意的是，不要为了流量而假借明星进行宣传。

图 13-15

图 13-16

图 13-17

好标题的3个特点

尽量简短

观众不会将注意力放在标题上很长时间，所以标题要尽量简短，并要将内容表达清晰，让观众一目了然。

在撰写标题时，切记要将最吸引人的点放在前半句。比如"30秒一个碗，民间纯手工艺品，富平陶艺村欢迎大家"（如图13-18所示），其重点就是通过30秒一个碗来吸引观众的好奇心，让观众好奇这碗是怎么30秒就能做出一个的，所以将其放在前半句会第一时间抓住观众的注意力。

摆数字

"5秒就能学会""3个小妙招""4000米高空"等（如图13-19所示），通过摆数字，可以让观众直观感受到具体的视频内容，从而在潜意识中认为"这个视频有干货"。

另外，如果要表现出在某个领域的专业性，也可以加入数字。比如"从业11年美容师告诉你，更有效的护肤方法"；带货视频则可以通过数字表现产品效果的卓越，比如"每天使用5分钟还你一个不一样的自己"等。

采用问句

采用问句既可以营造悬念，又可以表明视频的核心内容，可以说是最常用的一种标题格式。观众往往会受好奇心的驱动，而点开视频观看。

需要注意的是，问句格式的标题并不仅限于科普类或者教育类账号使用。比如"喵生路那么长，为什么偏要走捷径呢？"（如图13-20所示），同样勾起了观众的好奇心。

事实上，几乎任何一个视频，都可以用问句作为标题。但如果发布的所有视频标题都是类似格式，也会让观众觉得单调和重复。

图13-18

图13-19

图13-20

13.3 发布短视频也有大学问

短视频制作完成后，就可以发布了。作为最后一个环节，千万不要以为点击"发布视频"这个按钮就可以了。发布的时间、发布规律及是否@了关键账号，都对视频的热度有很大影响。

将@抖音小助手作为习惯

"抖音小助手"是抖音官方账号之一，专门负责评选关注度较高的热点短视频，而被其选中的视频均会出现在每周一期的"热点大事件"中。所以，将发布的每一条视频后面都@抖音小助手，可以增加被抖音官方发现的概率，一旦被推荐到官方平台，就可以大大提高上热门的概率。

即便没有被官方选中，多看看"热点大事件"中的内容，也可以从大量热点视频中学习到一些经验。

另外，"抖音小助手"这个官方账号还会不定期发布一些短视频制作技巧，可以从中学到不少干货，如图13-21所示。

下面教给各位@抖音小助手的详细步骤。

❶ 首先搜索"抖音小助手"并关注，如图13-22所示。

❷ 选择自己需要发布的视频后，点击"@好友"选项，如图13-23所示。

❸ 在好友列表中找到或直接搜索"抖音小助手"，如图13-24所示。

❹ @抖音小助手成功后，其将以黄色字体出现在标题栏中，如图13-25所示。

图13-21

图13-22

图13-23

图13-24

图13-25

发布短视频时"蹭热点"的2个技巧

不但做内容要紧贴热点，在发布视频时也有2个蹭热点的小技巧。

@热点相关的人或官方账号

在上文已经提到，@抖音小助手可以参与每周热点视频的评选，一旦被选中即可增加流量。相似的目的，如果为某个视频投放了DOU+，还可以@DOU+小助手，如图13-26所示。如果视频足够精彩，还有可能获得额外流量。

虽然在大多数情况下，@某个人主要是提醒其观看这个视频。但当@了一位热点人物时，表明该视频与这位热点人物是有相关性的，从而借用该热点人物的热度来提高自己视频的流量，也是一种常用方法。

参与相关话题

每一条视频都会有所属的领域，所以参与相关话题的操作几乎是每个视频在发布时都必做的操作。

比如发布一个山地车速降的视频，那么参与的话题可以是"山地车""速降""极限运动"等（如图13-27所示）；而一个做摄影教学视频的抖音号，参与的话题就可以是"摄影""手机摄影""单反""摄影教学"等（如图13-28所示）。

图13-26

如果不知道自己的视频参与什么话题能够吸引更多的流量，可以参考一下同类的高点赞视频所参与的话题。

参与话题的方式也非常简单，只需要在标题撰写界面点击"#话题"选项，然后输入所要参与的话题即可。

图13-27

图13-28

找到发布视频的最佳时间

相信各位朋友会发现，同一类视频，质量也差不多，可在不同时间发布时，其播放、点赞、评论等数据均会出现较大变化。这也从侧面证明了，发布时间对于一条视频的流量是有较大影响的。那么何时发布才能获得更高的流量呢？下文将从周发布时间、日发布时间这两方面进行分析。

从每周发布视频的时间进行分析

如果你可以保证稳定的视频输出的话，当然最好是从周一到周日，每天都能发布一条甚至两条视频。但作为个人短视频制作者，这个视频制作量是很难实现的。那么就要在一周的时间中有所取舍，在一周中流量较低的那一天就可以选择不发或者少发视频。

笔者研究了一下粉丝数量百万以上的抖音号在一周中发布视频的规律，总结出以下3点经验。

❶ 周日发布视频频率较低

其实这些头部大号基本上每天都在发视频，毕竟大多数都有自己的团队。但还是能够发现，在周日这天发布视频的频率明显低于其他时间。

分析其原因，由于周日临近周一，大多数观众都或多或少会准备进入上班的状态，导致刷抖音的次数会有所降低。

❷ 周五、周六发布视频频率较高

周五和周六这两天，大多数抖音大号的视频发布频率都较高。其原因可能在于，周五、周六这两天，大家都沉浸在放假的喜悦中，有更多的时间去消遣，所以抖音视频的打开率也会相对较高。

❸ 意外发现——周三也适合发布视频

在经过对大量抖音号的发布频率进行整理后，笔者意外发现很多大号也喜欢在周三发布视频。这可能是因为作为工作日的中间点，很多人会觉得过了周三，离休息日就不远了，导致流量也会升高。

图13-29为抖音某头部大号在一周之中各天发布视频的数量柱形图，也从侧面印证了笔者的分析。

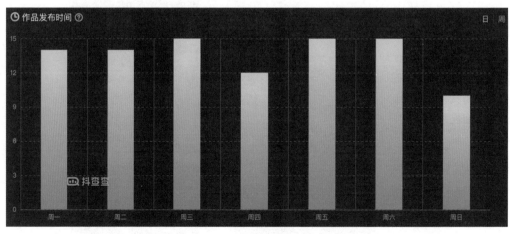

图13-29

从每日发布视频的时间进行分析

相比每周发布视频的时间，每天发布的时间其实更为重要，因为在一天的不同时段，拿手机刷视频的人数会有很大区别。最简单的例子，夜间12点以后，绝大多数人都已经睡觉了，如果此时发视频，必然是没有什么流量的。

经过笔者对大量头部账号的视频发布时间分析，总结了以下3点经验。

❶ 发布视频的时间主要集中在17点～19点

大多数头部抖音账号都集中在17点～19点这一时间段发放视频，比如图13-30所示的某知名搞笑视频自媒体，大部分视频都集中在17点~18点发布。原因在于，抖音的大部分用户都是上班族，而上班族每天最放松的时间应该就是下班后、坐在地铁上或者公交车上的时间。这个时候，很多人都会刷一刷抖音上那些有趣的短视频，缓解一天的疲劳。

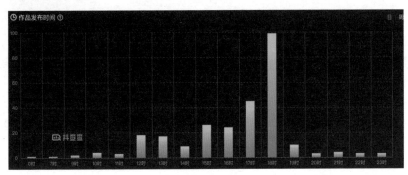

图13-30

❷ 11点～13点也是不错的发布时间

首先强调一点，抖音上大部分的视频，都在17点～19点发布，所以相对来说，其他时间段的视频发布量都比较少。但中午11点～13点这个时间段也算是一个小高峰，会有一些账号选择在这个时间段发布视频。这个时间段同样是上班族休息的时间，大家可能会利用碎片时间刷一刷短视频。

❸ 20点～22点更适合教育类账号发布视频

在笔者搜集到的数据中，发现一个比较特殊的情况，那就是教育类的抖音号往往会选择20点～22点这个时间段发布视频，如图13-31所示。

分析其原因，17点～19点虽然看视频的人多，但大多数都是为了休闲放松一下。而当吃过晚饭后，一些上班族为了提升自己，就会花时间看一些教育类的内容。而且家中的环境也比较安静，更适合学习。

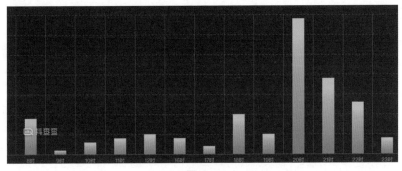

图13-31

让短视频发布具有规律性

如果想从零起步经营一个抖音号或者快手号，那么持续、有规律地发布视频是一个基本要求。因为连续、有规律地发布视频有以下3个好处。

培养观众黏性

当每天下午5点准时发布视频时，持续1个月左右，你的粉丝就会养成习惯，每天5点准时来等着观看最新的视频。

这也是为何很多短视频大号下方都会有催更或者是抢楼层的留言，就是因为观众对你制作的视频内容产生了依赖。每天这个时候就等着你更新视频，抢着先评论，如图13-32所示，要是没有看到你的视频就觉得好像少了点什么。而这种黏性，就是靠着规律地、持续地发布优质视频而形成的。

一旦账号具有了这种黏性，即便内容质量有所起伏，也可以在较长一段时间内获得稳定的流量。

获得平台推荐

一些账号经营者，在最初的一两个星期劲头比较足，可能会保证每天发布视频，并且获得还不错的流量。但也许因为各种原因，导致内容无法持续输出，当1个月后再发视频时，流量也许就会严重降低。

除了在这1个月时间内，粉丝有所流失导致流量下降外，更重要的原因在于，当平台监测到你无法稳定提供内容后，就会降低推荐优先级，导致再发视频时流量不理想。

所以，持续、有规律地发布视频，将有利于获得平台的推荐，提高视频的流量。

受众特点突出

发布视频的规律性，除了指发布时间具有一定规律，还指发布的内容也要具有一定的规律。短视频经营最忌讳的就是"东一锄子，西一棒子"。要让每一次发布的视频都属于统一垂直领域，这样获得的粉丝，或者是经常看你视频的观众就会具有鲜明的特点，有着很强的共性。比如一个美妆类视频号，每次都发送美妆类的视频，那么其受众就会主要集中在20岁~40岁的女性，从而为今后短视频变现打下基础，如图13-33所示。

图13-32

图13-33

短视频发布小技巧

在发布短视频时还有两个小技巧，可以帮助各位获得更多的流量，或者避免一些额外的成本支出。

利用其他平台预告短视频

可以利用微博、微信等平台，对下期短视频内容进行预告。既宣传了自己的账号和视频，还可以顺势与粉丝进行一波互动，可谓是一举两得。

为了让更多的观众来看视频，还可以搞一波福利。比如"今晚更新第23期视频，视频末尾有神秘礼物等着大家！"

发布短视频前一定记得保存到本地

将视频保存到本地主要有以下3个好处。

❶ 防止丢失

每一个视频都是自己劳动的成果，也许在其他地方还会用到，所以将其保存到本地，可以避免手机上的视频因各种原因丢失而带来的麻烦。

最好将视频按照发布时间和标题进行命名再保存。这样当制作大量视频后，可以方便搜索、寻找之前录制过的视频。

❷ 方便转发到其他平台

为了让更多的观众看到自己的视频，通常需要将同样的视频发布在不同的平台上。这时就可以直接将已经保存到本地的视频上传。而且通过电脑上传视频，画质会更高，但需要注意将其他平台的标志去掉，以免出现无法通过审核的情况。

❸ 宣传自己的短视频账号

以上提到的"保存到本地"是指将制作好的原视频进行保存和备份。其实将短视频上传到抖音后，可以在抖音界面将视频保存到手机。这样做的好处是，视频左上角会出现抖音号，如图13-34所示。如果你将带有抖音号的视频分享到微博或者朋友圈这些平台，还可以宣传下自己的抖音短视频账号。

图13-34

13.4　决定账号权重的5个指数

为何需要提高账号权重

所有平台都会特别青睐那些能够创造更多价值的内容创作者账号，这些账号通常就是各个平台的高权重账号。同样的视频分别用高权重和低权重的账号发布，所获得的推广流量高权重账号要大于低权重账号。

一旦各个平台开展活动或推出内测的功能，往往也会优先考虑这些高权重账号。因此，当一个账号成为高权重账号，往往会出现马太效应。也就是强者愈强，只要内容创作不掉链子，这个账号就会在很长一段时间内成为创作者的变现利器。

平台青睐这些高权重的账号，给予它们流量扶持的原因也很简单，因为每个平台都需要一批标志性的账号，比如图13-35所示的"金毛~路虎"就是宠物类的标志性账号。

通过打造这样的一批账号，并且将它们广泛宣传出去，就能够让这些账号产生示范作用，从而吸引大批内容创作者，加盟到平台中来。因此，每个平台的初创期都是绝佳的上位时机。

每个视频创作者，都应该努力将自己的账号打造成为高权重账号。那么平台怎样判定一个账号的权重是高还是低呢？

通常会基于下面介绍的5个参数进行考量。

图13-35

传播指数

传播指数是指基于账号的篇均阅读、评论、转发、点赞、收藏的计算值，数据范围为0~1000。

所以如果一个账号每篇作品的阅读、转发、评论、点赞、收藏的数值都非常高，那么这样的账号就很容易成为高权重账号，如图13-36所示。

如果账号有数值很高的视频，但只是个别几个，那么这个账号权重并不会很高，如图13-37所示。

另外，不要指望删除数据不佳的视频来提升此数值，因为大批量删除一个账号内的视频也会降低这个账号的权重。

图13-36

图13-37

粉丝指数

粉丝指数是指基于账号的粉丝量、涨粉数、粉丝阅读、粉丝互动（评论、转发、点赞、收藏）等维度的计算值，数据范围为0～1000。

粉丝是所有账号最基本的考量标准，一个粉丝多的账号的权重明显要优于粉丝少的账号。比如图13-38所示的这个抖音号，粉丝量达到4000多万，自然具有较高权重。

但是这里不得不强调的一点是，如果一个账号的粉丝是由一个或者几个视频带来的，比如由于一个爆款视频，一晚上增长了十几万的粉丝，在算粉丝指数的时候，这种粉丝的增量也会打折扣。这就跟我们经常看到的体育或者唱歌比赛里，比分计算是采取去掉一个最高分，去掉一个最低分，再计算平均分的算法是一个道理。

由一个或几个爆款视频带来几十万粉丝，并不能够证明这就是一个非常优质的账号，这带有一定的偶然性，所以在计算的时候，一定会将数据进行综合考量。

图13-38

活跃指数

活跃指数是指基于发文数、回复评论数等维度的计算值，数据范围为0～1000。

我们曾经说过，对于所有内容创作者来说，能持续输出优质内容是一个非常硬的指标，也是一个很难跨过去的门槛，对于短视频平台也是同样道理。

要让自己的账号长期持续被关注，而不被其他的账号所替代，就必须长期有优质的视频不断涌现，而这背后实际上就是这个账号的活跃指数。比如图13-39所示的抖音号"家常美食教程（白糖）"连续两天发布视频，就是为了维持活跃度。

这个活跃指数是一个平均数据，不能指望在短时间之内发布大量视频来提高活跃指数，这很容易被判定为是营销号。应该拉长发布的时间，比如说每天只发一个视频，甚至每两天发一个视频，这样的账号就容易被判定为是长期活跃账号。

除此以外，每个账号的运营人员，还必须跟自己的粉丝所发布的评论进行良性互动。通过这样的操作，就能够证明运营人员在用心维护自己的账号，从而增加自己的活跃指数。

图13-39

内容营销价值指数

　　内容营销价值指数是指基于粉丝指数、活跃指数和传播指数的加权计算值，数据范围为0～1000。

　　这个指数基本上考量的是一个账号的拉新能力。拉新在互联网领域中是一个非常常用的术语，也就是从平台外拉取新鲜的用户进来。

　　现在各大平台间处于白热化的竞争状态，而竞争的目标就是存量用户。每个平台都希望从其他的平台拉取新的用户到自己的平台上，这也是为什么我们能够看到，在不同的平台上相互转发，往往是被禁止的。

　　虽然直接转发往往是被禁止的，但是并不代表不能从其他的平台拉新，因为视频都是可以下载后分享的，分享方法如图13-40所示。当我们的视频被下载并分享到其他平台，并引来新用户，就完成了一次拉新操作。很显然，哪个账号能够为平台带来更多的新增用户，哪个账号就更可能成为高权重账号。

图13-40

变现指数

每个企业都有盈利的需求,抖音也不例外。对于平台来说,它们变现的方法其实并不多,首先就是广告,这个不用多说,这是绝大多数平台的根本收入渠道;其次是分成,也就是每次直播获得的打赏以及每个视频带货的佣金,平台都会抽取一定比例的分成,从这一点来说,变现能力强的账号当然会被平台所青睐,这种账号与平台是一种共生关系。

虽然上面已经分析了若干种指数,并针对这些指数指明了操作方法,但实际上如果每个账号的运营人员和内容创作者都能够从心出发,用心为用户创作良好的内容,并且将粉丝当成朋友,相信不用去关注这些指数,一样能够凭借优质的内容成为高权重账号。

毕竟这些指数其实都是在术的层面;而用心创作良好内容,将粉丝当成朋友,则已经上升到了道的层面。

13.5 短视频6大变现方式

流量变现

流量变现是最基本的变现方式。把视频或图文发布到平台,平台根据播放量给你收益。

每个平台的流量收益是不同的,具体数值的计算一般会考虑原创程度、视频创作领域等因素。

如果想靠流量变现,那么视频就要有超高的人气和超高的播放量。另外,还必须持续输出优质视频或图文内容。毕竟谁也说不准哪个视频会爆,有时精心创作的视频播放量平平,而一个看起来平常的视频播放量却过千万。

平台扶持,创作激励

各个平台为了让更多创作者入驻,通过原创视频给平台带来更多流量,都会给创作者各种形式的激励。

比如之前头条号、奇艺号等平台,只要视频质量和播放量都不错,并且能每月持续更新4条以上,就会每月补贴上千元不等。

在头条问答项目起步阶段,为了获得优质答主,曾签约一批达人,每人负责某一个或某几个领域的问题,保底收益2万元起。

现在很多老平台已经不再有这种扶持计划,但新上线的平台一般都会有。

不过,现在各平台对于优秀内容创作者的奖励还是有的,如图13-41所示,只不过力度比平台发展初期要差一些。而且现在很多活动更多是以流量扶持作为激励,要比现金奖励还令自媒体激动。因为通过流量扶持吸引更多观众,将其变现后的收益要比奖金高得多。

网络安全在我身边	**贵圈十万个为什么 理娱计划征文**	**「闪光时刻」主题征文 二期**
围绕2020大学生网络安全知识大赛，头条科技联合安界推出征文活动。	贵圈十万个为什么？理娱计划解读类征文又来袭！参与瓜分百万流量万元大奖	参与主题创作活动，享最高3倍收益激励
奖金最高500元　352人参与	奖金最高1500元　263人参与	44.09万人参与
新作者扶植计划 第二期	**时尚在身边**	**心晴计划**
月薪万元 20个年度签约名额	发现时尚，记录生活，有机会获得双倍广告收益	征集优质原创内容，万元奖金等着你
26.66万人参与	4.4万人参与	奖金最高2000元　1.69万人参与
美食测评团，送万元奖金免费样品	**健康科普排位赛**	**品牌好物**
总价值3万元的厨房电器，还有10000元现金大奖等你来拿！	打比赛，赢奖金，健康科普冠军就是你！	头条时尚携手百余家国际一线时尚品牌，为你爱的#品牌好物#实力打榜！
奖金最高3000元　1.45万人参与	奖金最高3000元　1.32万人参与	1.08万人参与

图 13-41

电商带货

自媒体刚刚起步的朋友，仅靠流量肯定不能生存，所以大部分都开了自己的淘宝店、微店或者平台自带的商城店铺等，通过优秀的内容来为自己的店铺带来流量。

如果自己没有店铺也没有关系，可以在自己的视频或图文中分销平台精选的产品，分销分成比例有时可以高达60%。自己不用生产商品，只要自媒体流量够大，通过分销也能够获得不错的收益。

例如，你是做美食视频的，那么你就可以卖食材或者厨具相关的产品。

有一段时间，由于舌尖系列专题片走红的章丘铁锅，每天从各个自媒体上走的量都是非常惊人的。

在这方面抖音、快手无疑走在了最前面，头部达人一次直播带货流水过千万元都是平常的。

知识付费

知识付费这种变现方法大家去"好机友摄影"头条号看看就明白了，如图13-42所示。

当然，有时候一些教育平台也会和你订制一系列教程，以直接买断或分成的方式与你合作。你也可以出版书籍，挣取稿费等。

图 13-42

扩展业务源

这类变现方法也同样适用于做教程类内容的博主，因为既然是做教程类内容，肯定在某一方面有专长。比如"好机友摄影"做摄影类教学，就会有摄友咨询接不接产品摄影的工作。

因此，自媒体同样也是在为自己打广告，可以获得机会，增加自己的业务量。

厂家合作

厂家的合作或者产品的广告是自媒体都希望得到的。合作方式主要是以下3种。

软广告

软广告这类合作形式从微博的年代就已经有了，通常要求自媒体达人有一定的流量。此类广告的特点在于将广告隐藏在文章或视频的中间或末尾部分。也就是刚看文章或者视频时，不会发觉存在广告，而随着内容逐渐深入，在适当的时候，就会对产品进行介绍，如图13-43所示。此类合作，通常以广告报价形式结算，流量越高，收益越高。

试用报告

试用报告类视频有两种合作结算方式，一种是广告报价现金结算，另一种更多应用于小号的方式是产品置换，即试用后产品自留。

展会或专场分享

如果自媒体达人是某一个领域的大号，那么就会有机会被厂商邀请在展会或报告会进行分享，有时甚至能做到全国巡讲。

图13-43

当我们看到自媒体大咖年入百万的时候，也要想到他们背后的艰辛。一般来讲，半年到一年，持续发布优质内容，才能够有一定的收入。所以刚入行的朋友们一定要有心理准备，坚持走下去，才能有收获。